わかる！
使える！

溶接入門

安田克彦［著］
Yasuda katsuhiko

日刊工業新聞社

わかる！
使える！

溶接入門

安田克彦［著］
Yasuda katsuhiko

日刊工業新聞社

【はじめに】

「金属をつなぐ」、すなわち接合することの必要性は、人類が道具を使用するようになり、道具が石器から金属の青銅器、鉄器に進化するのにともなって急速に高まってきました。特に、産業革命により動力を利用し、「もの」を大量に生産できるようになると、いろいろの製品、材料を接合する技術は、「ものづくり」の基盤技術として不可欠の技術となっていきました。

わが国においても、金属材料を接合する技術としての溶接は、造船をはじめとする重厚長大産業の基盤技術として日本経済発展に大きく寄与してきました。その後も、こうした基幹産業における主要技術としての地位を堅持する一方で、各時代の花形産業の製品や製造装置の製作においても欠かせない技術となっています。また、街で見かける金属製の大型モニュメントや各種形状の金属製装飾品、金属の持つ重量感を活かした芸術品の制作などにも溶接は欠かせません。

溶接はきわめてリサイクル性の良い材料である金属に、製品としての機能や構造を容易に与えることができる技術であり、省エネや環境に配慮した機器の開発にも大いに役立つ技術です。加えて、世の中の技術の発展にともなって次々と送り出されてくる各種新素材に対しても、求められる機能を持つ製品に仕上げるため、溶接は欠くことのできない技術として利用され続けると考えられます。

本書では、こうした溶接技術を、まず、溶接に興味を持っていただけるよう、また溶接を修得することで広がる活躍の場がわかるよう、溶接の接合メカニズムや溶接用語、各産業界における溶接の活用状況などを紹介しています。さらに、これまで語られなかった溶接作業の前段取りに着目、安全作業や使用する材料の素材管理、溶接に使用する機器の設定、溶接材料、溶接条件の設定を作業項目ごとに類別しポイントを整理して示しています。また、その後の各溶接作業については、それぞれの作業でのポイントや現象の変化が、できるだけ頭の中にイメージできるよう作業状態の写真や図表と関連づけて解説しています。

いずれにせよ、溶接技術は、材料や電気、物理、化学などの現象変化の合わせ技術であり、しかも、金属が溶けるまで加熱するために発生する強い光と熱の下での作業となり、他のものづくりに比べ、人が関わらなければならない作業となります。こうしたことから、溶接に技術的な面からアプローチする場合、また実際に熱源を手で操作し技能的な面からアプローチする場合においても、自分自身の五感で溶接を体験しておくことが不可欠です。

溶接は、頑強な男性だけでなく繊細な女性にもお勧めできる魅力ある作業です。ぜひ何らかの機会を見つけて実作業に挑戦し、体験してみてください。本書が、皆さんの溶接に対する関心の呼び水になり、何らかの形でお役に立てることを願っています。

最後になりましたが、本書を発行する機会を与えていただいた日刊工業新聞社の奥村功さま、企画の段階からさまざまなアドバイスをたまわりましたエム編集事務所の飯嶋光雄さまに深く感謝を申し上げます。

2017年12月　　　　安田克彦

目　次

【第1章】「溶接」基礎のきそ

1　「溶接」の基礎知識

2　各産業分野での溶接の活躍

【第2章】溶接の作業前準備と段取り

1　安全溶接作業と必要な資格

2 良好な溶接結果を得るための前段取り

3 溶接装置の準備

4 準備段階でもっとも大切な材料選び

5 溶接条件の設定

【第3章】
各溶接法で溶接をしてみる

1 溶接作業を行う時の注意点

2 各溶接作業のポイント

3 溶接の高品質化へのポイント

4 溶接欠陥とその対策

コラム

【第1章】

「溶接」基礎のきそ

金属の成り立ちと溶接

❶金属材料の成り立ち

日頃、皆さんが目にしている金属材料は、板や棒などブロック状のものです。この金属材料の一部を顕微鏡などで100～200倍に拡大して見ると、結晶粒と呼ばれる粒の集まりであることがわかります。さらに、これらの粒を詳しく調べると、**図1-1**のように鉄なら鉄、アルミニウムならアルミニウムの原子（図中の黒丸が1個1個の独立している原子です）が、図のような結晶格子と呼ばれる規則正しい配列で、それぞれの原子が互いに引き合う力（結合力）で結び付いていることがわかってきます。こうしたことで、金属は、①力を加えると変形する、②熱や電気をよく通す、など特有の性質を持つのです。なお、図中で原子と原子の間に引かれている線は結合力という力ですから、実際には存在しません。したがって、金属の棒や板に、結合力以上の力を加えると原子と原子の距離が伸びたり縮んだり、ずれるなどして材料が変形します。すなわち、金属は、こうした原子と原子の結合力で結びついたマッチ箱（結晶格子）が立体的に多数連なってできた結晶粒の集まりでできているのです。

❷結晶格子で決まる材料の特性

金属材料には、図1-1（a）に示すように常温の鉄（α鉄）に代表される体心立方材料の他、体心立方の重心位置の原子がそれぞれの面の中心位置にはまり込んだ図1-1（b）に示すに示す面心立方の材料があります。

図 1-1　金属材料の成り立ち（結晶格子）

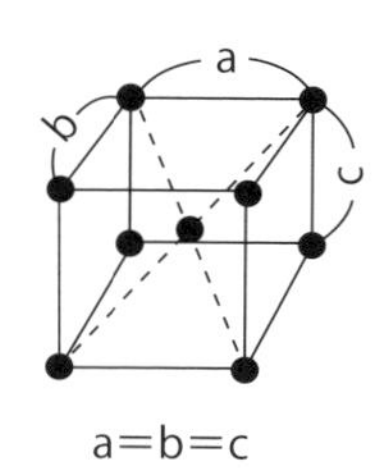

（a）体心立方格子

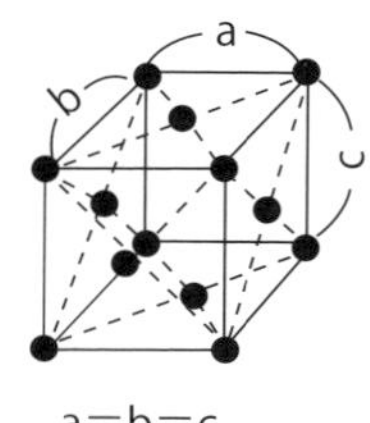

（b）面心立方格子

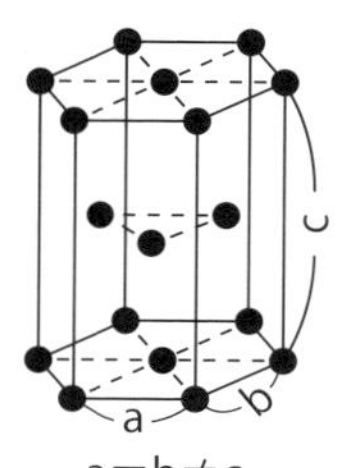

（c）稠密六方格子

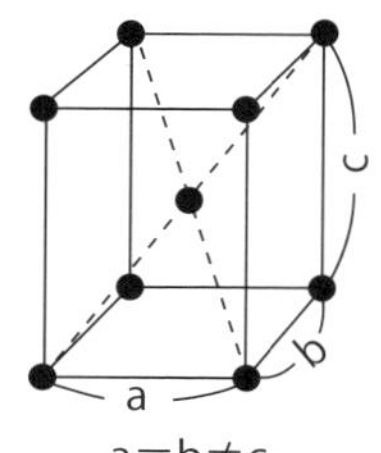

（d）正方体心格子

面心立方の材料には、アルミニウムや銅、金、銀など箔と呼ばれる紙より薄い状態になります（そうです、面心立方の材料はマッチ箱構造で成り立っていることから、力が加わると容易に変形でき、箔のような薄い材料になれるのです）。これに対し、マッチ箱の中にスジカイとなる原子が入っている鉄のような体心立方の材料では、重心位置のスジカイの原子が邪魔をして変形をしづらくします。

これらの結晶格子材料の中間の変形特性を示す材料が図1-1（d）に示すスズのような正方格子材料で、重心位置にスジカイの原子が存在するものの1辺側が長い直方体の組合せとなり、1辺が長い分だけ変形がしやすくなります。

なお、マグネシウムに代表される図1-1（c）に示す六方体の結晶格子の材料では、変形はきわめて困難となり常温での加工はほとんど望めなくなります。

❸金属を加熱することで発生する変化

金属を加熱すると、**図1-2**のように、材料は熱膨張で加熱前の長さより長くなります。こうした現象は、①常温では強い原子間の結合力でしっかりと結び付いている金属材料を加熱すると、原子間の引き合う力が徐々に弱まり、その弱まった分だけ原子間の距離が広がります（これが金属の熱膨張で、加熱することで結合力が弱まっていることは、常温では曲がらない金属棒も加熱すると容易に曲がるようになることからもわかります）、②さらに加熱を続け、ある温度（融点）以上になると、原子間の引き合う力が作用しなくなり、原子は自由に動き回る液体の状態になります。

このように、金属材料は、構成する材料の原子が独立し、互いに引き合う力で成り立っています。

図 1-2　金属材料の加熱による変化

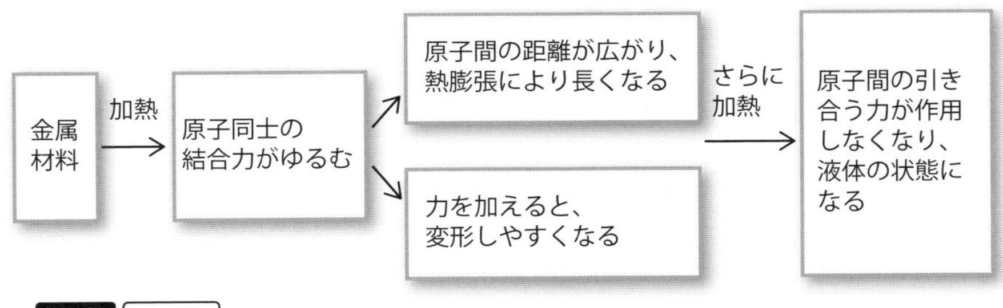

要点 ノート

溶接は、２つの金属を加熱して溶かし、その後冷却して固めることで２つの材料を１つの部材に接合します。このように「金属を溶かして固める」となぜ接合されるのか、そのメカニズムは、金属材料の成り立ちを知ることで理解できるようになります。

各種接合法と接合メカニズム

❶溶接によって金属が接合されるメカニズム

溶接のメカニズムは、①接合しようとする2つの材料の接合部を加熱し液体状態にします（このことで、それぞれの材料の原子が自由に動き回り、混じり合います）、②原子が混じり合った液体の状態から冷却し始め、原子間で引き合う力が戻り始める凝固温度になると、内側の母材原子と結合状態にあるボンド面の原子は、近づいてきた動き回る原子との間で結合状態が得られるようになります、③この結合した原子が核になり、混じり合った互いの原子が引き合う新たな結晶が作られ接合状態が得られるようになります（**図1-3**が、溶接ボンド付近の組織状態で、ボンド界面で最初に結合力の得られた結晶に、順次結晶が積み重なった樹枝状の組織となっていることがそのメカニズムを示しています）。

❷ろう接によって金属が接合されるメカニズム

ろう接は、**図1-4**のように接合しようとする固体金属は溶かさず、2つの金属の間に素材金属と親和性のある原子を含む融点の低い合金（ろう材）を液体状態にして接合面に流し込み、固体金属の接合面に液体状態のろう材原子が近づき、接合状態を得ます。

ただ、銅線のハンダ付けでも経験するように、室温状態の銅線に溶けたハンダを流し込もうとしてもハンダは球状なので流れ込みません。この原因の第1点は、銅線表面の不純物や酸化物が接合のじゃまをするためで、フラックスを

図1-3　溶接部の組織状態

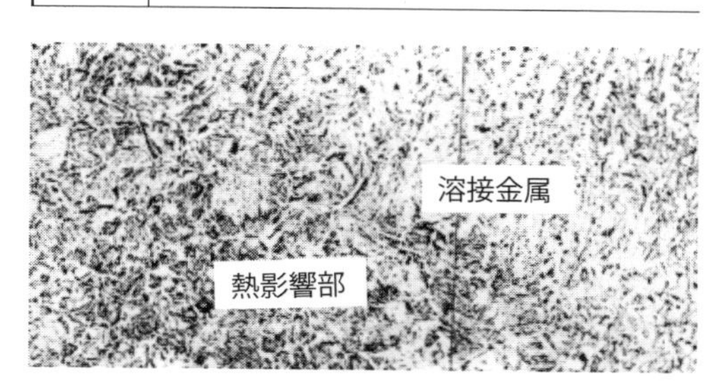

図1-4　ろう接による接合状態

使用することで解決します。また、第2点は、室温状態では銅線表面の原子の自由度が乏しいためで、予熱により原子間の結合力を弱めて自由度を高め、材料表面原子と、ろう材原子の親和性を高めることで解決しています。

❸圧接によって金属が接合されるメカニズム

圧接は、2つの金属の接合面を接触させ、接合面に大きな力を加えて接合面の互いの原子が引き合える距離まで近づき、接合状態を得ます。

圧接では、軟らかく変形しやすい純アルミニウム材料などでは、常温でも加圧するだけで接合が可能となります。ただ、通常の硬く変形しにくい金属材料では、少々の加圧力では原子間の距離が狭まりにくく、接合状態を得るには材料の接合部周辺を変形しやすい状態まで加熱する必要が生じます。そのための加熱にガス炎を用いる方法がガス圧接、摩擦熱を用いるのが摩擦圧接です。

図1-5が、圧接の接合メカニズムを示したもので、加熱され動きやすくなった接合部近傍の材料は、その後の加圧で外部に押し出され、内部の活性な原子同士が互いに引き合う距離まで近づき、結合状態となっています。なお、同じ圧接法でも、スポット溶接やシーム溶接では、電気抵抗発熱で接合部を溶融させ溶接と同じメカニズムで接合状態が得られます。

図1-5 圧接における接合メカニズム

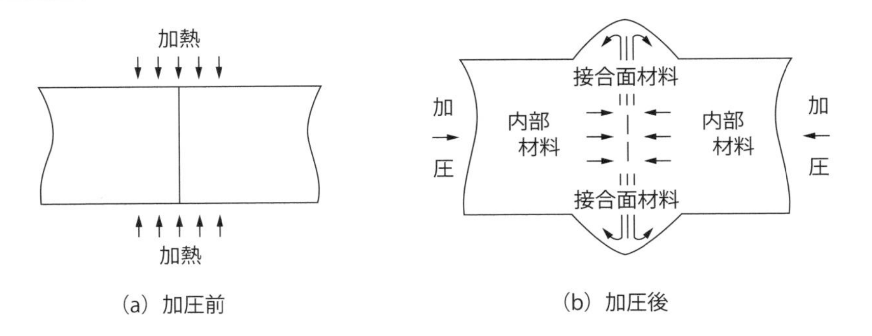

要点 ノート

金属材料の特性を利用して2つの金属を接合するには、互いの材料の表面原子を引き合う距離にまで近づけることで可能となります。そのため、①2つの材料の接合部を加熱し、液体状態にして混ぜ合わせて接合する「溶接」、②接合しようとする2つの材料は溶かさず、その間に低い温度で溶けるろう材を溶かして流し込み接合する「ろう接」、③2つの材料の表面原子を結合力の発揮できる距離まで加圧して近づけ接合する「圧接」、のそれぞれの方法で接合のメカニズムが異なります。

溶接と他の接合法との使い分け

❶各種接合法の長所と短所

ものづくり技術においての接合法には、ボルトやリベットなど機械的締結部品を利用して行われる「機械的接合法」、ろう付けや溶接など金属材料の特性を利用して接合する「冶金的接合法」、各種接着剤を利用する「接着剤接合法」の3つがあります。**表1-1**がそれぞれの接合法の利点と欠点を整理して示したものです。

表 1-1 各接合法の長所と短所

機械的接合法	長所	①簡便な工具で容易に組立・解体することができる ②信頼性の高い接合ができる ③破断が生じたとしても接合部で進展が防げる
	短所	①信頼性の高い接合を得るには多数の部品や加工が必要となり、工数が多くなり製作日数やコストがかかる ②継手が重ね継手となることや接合部品により製品重量が重くなる
冶金的接合法	長所	①継手の形状が簡単で、しかも自由度が高い ②短時間で固定でき、きわめて簡便に接合できる ③継手効果が高く、機密・水密性が容易に得られる ④製品重量が低減でき、組立の工数も減らせる
	短所	①ひずみや残留応力を発生し、寸法精度の維持がむずかしい ②溶接による特有の欠陥を発生することがある ③解体がむずかしく、破断が生じると止めることがむずかしい ④製品全体から見ると、機械的性質や形状の不連続を発生する
接着剤接合	長所	①ほとんどの材料ならびにそれらの異材の接合ができる ②素材の性質や形状を変化させない ③機密・水密性が得られやすく、製品の外観品質も良い ④電気的・熱的な絶縁効果が得られやすい
	短所	①固定をするのに時間がかかる ②継手の耐熱性に限界がある ③継手の信頼性や耐用年数に関するデータが少ない

❷各種接合法の使い分け

製品組立においての接合技術は、①製品に要求される強度、品質が得られること、②接合で発生する問題点が少ないこと、の2点を満足する適切な接合法を選択することが必要で、溶接が手軽で効率的だからといって、何が何でも溶接で組み立てようとするのは問題です。たとえば、製品のリサイクル性に着目すると、同質の材料は溶接などで一体化したとしても素材としてのリサイクル性は保たれます。

一方、溶接された部材を含め異材組合せとなる部材の接合では、機械的接合法の「簡単な方法で容易に解体できる」長所を利用すれば、締結部品を外し解体することで素材の分別が容易にできるようになり、リサイクル性を保つことが可能となります。

❸複合接合の利用

接着剤接合法に関しても、一般な液状接着剤に加えシート状接着剤を加熱して使用する工業用接着剤なども開発され、各種工業分野で利用されるようになっています。ただ、他の接合法に比べ接合強度や信頼性にまだまだ乏しい問題があります。

そこで、①機械的接合法のボルト接合で、ボルトのゆるみ止めに接着剤接合を利用する、②自動車ドアのように薄板材で気密性の高い接合を必要とする製品では、溶接ひずみによる変形を抑え気密性を得るために接着材接合を、接着材接合で期待できない短時間固定と強度補強にスポット溶接を利用するウエルドボンド法、③重ね合わせた2枚の板をパンチングによる形状変化で接合状態を得るメカニカルクリンチ法や、各種のリベット接合法の接合面に接着材を使用し、接合面での機密性を高め接合強度を高める方法、など3つの接合法を組み合わせて使用し、おのおのの接合法の利点と欠点を互いに補い合う複合的な接合手法を活用することで接合手法の利用範囲が広がります。

なお、こうした技術や材料の複合化の発想や工夫は、上述したような個々の技術なり材料の長所、欠点をよく認識し、活用できるようにしておくことが必要となります。

要点 ノート

機械加工など各種加工技術で成形される製品の多くは部材であり、これらの部材は接合され組み立てられて製品となります。溶接は、こうした組立工程で利用される接合手段の1手法です。

溶接作業の基本用語

❶溶接作業関連の用語

母材：溶接される材料

開先：母材の溶接部に設ける溝（「開先角度」、「ルート面」、「ルート間隔」は**図1-6**参照）。

溶接部：図1-6の「溶接金属」と「ボンド」、「溶接熱影響部（HAZ）」を合わせた部分。

ビード：図1-6の「溶接金属」部分。

溶着金属：溶接金属の中の溶接棒や溶接ワイヤから移行した金属。

余盛り：必要な溶接面より盛り上がった部分（「余盛り高さ」は図1-6参照）。

クレータ：ビード終端にできる凹み。

スパッタ：溶接中に飛散する溶融金属粒子。

スラグ：溶接部に発生するガラス質の非金属物質。

溶け込み：溶接で溶かした母材部分（「溶け込み深さ」は**図1-7**参照）。

完全溶け込み：溶接部分で材料が一体化されている状態（**図1-8**参照）。

不完全溶け込み：図1-8と異なり、図1-7のように材料が一体化されていない状態。

❸その他の用語

パス：1回の溶接で形成されるビード。

運棒：熱源を溶接線に沿って移動させる操作。

図 1-6　溶接部の名称

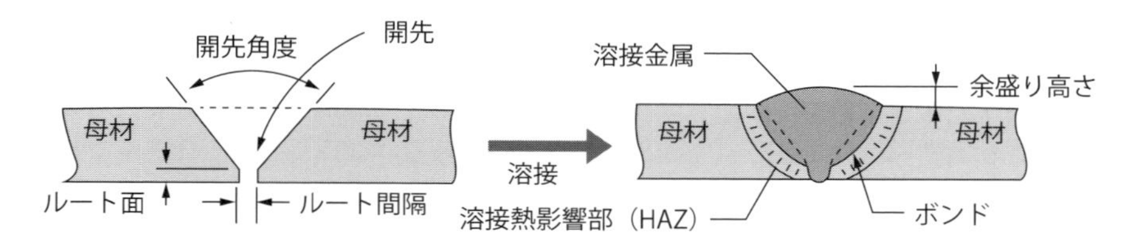

ウィービング：熱源を一定のパターンで周期的に動かす操作。

裏当て：母材裏面の溶着金属の垂れを防ぐ開先底部に当てるもの（母材と同質材の裏当て金、銅裏当て、セラミックス裏当て、などがある）。

片面溶接：片側からのみの溶接（片面溶接で裏面側に形成されるビードが「裏波」）。

応力：材料に力（荷重）が加わった時に材料に発生する抵抗力（内力）を単位面積当りで求めたもの。

ひずみ：材料に力（荷重）が加わった時に材料に発生する変形量を単位長さ当りで求めたもの。

図 1-7　溶け込み深さ

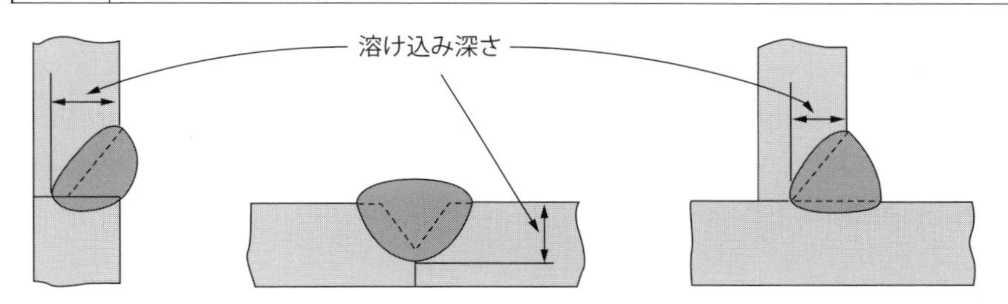

図 1-8　完全溶け込み例

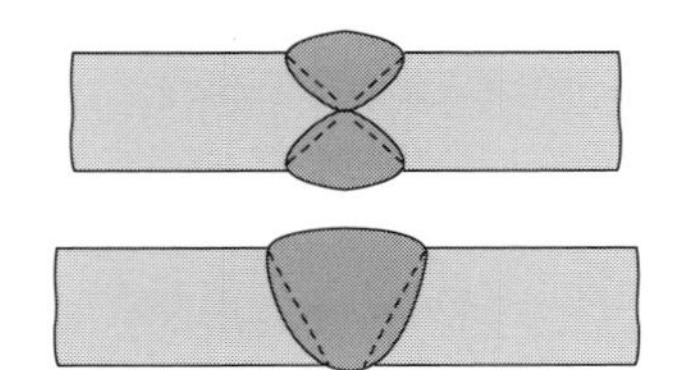

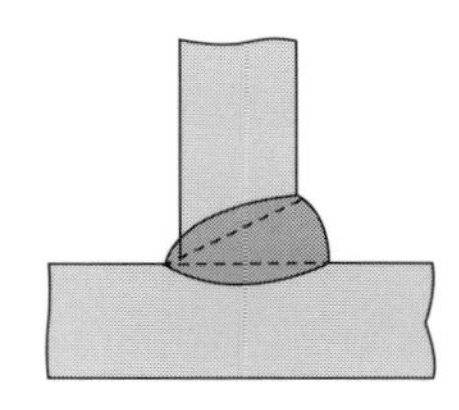

(a) 突合せ溶接

(b) すみ肉溶接

要点 ノート

溶接作業は危険が伴うことがあります。したがって作業を行うためには、まず溶接で使用される基礎的事項に関する溶接用語を習得しておかなければなりません。

溶接法に関する用語

❶基本的な溶接法

溶接：接合部を溶かして冷却することで金属を接合する方法。

シールドガス：溶接で溶けた金属を大気から保護するために溶接部に流しておくガス。

ガス溶接：ガスの燃焼熱で接合部を溶かして溶接。

アーク溶接：アーク放電の熱で接合部を溶かして溶接する方法。

レーザ溶接：レーザ熱源で接合部を溶かして溶接する方法。

電子ビーム溶接：真空中の電子の飛行エネルギーで接合部を溶かして溶接する方法。

ろう接：接合する材料は溶かさず、接合部に溶けたろう材を流し込んで接合する方法。

トーチ（ガス）ろう付け：接合部をガス炎で加熱してろう接する方法。

炉中ろう付け：炉で加熱してろう接する方法。

圧接：接合時に加圧力を加えて接合する方法。

ガス圧接：溶接部をガス炎で加熱した後に加圧力を加えて圧接する方法。

摩擦圧接：接合材を密着させ、一方を回転させて得られる摩擦熱で溶接部を加熱した後に加圧力を加えて圧接する方法。

❷各種アーク溶接法

アーク：**図1-9**のように、溶接機の±端子に導電性のケーブルを接続し、このケーブルをたとえば+側に母材金属、−側に金属棒（電極棒と呼びます）を接続、図のようにこの2つの電極の間に−の電子と+のイオンを発生させ、−の電子を+側に、+のイオンを−側に導き電極間に電気の流れを形成させるもの（こうした電気の流れを放電現象と呼び、大電流・小電圧で形成されるアーク放電は、強い光とともに大きい熱エネルギーを発生します）。

非消耗電極式アーク溶接：アークでは溶けないタングステンなどを電極棒とする溶接法で、その代表的な方法が**図1-10**に示す「TIG溶接」、TIGアークを冷却してエネルギーを高めた方法が「プラズマ溶接」。

消耗電極式アーク：母材に近い材質の金属の棒あるいはワイヤを電極棒として使用し、溶けた電極材が母材の接合部に移行して溶接する方法で、シールドガスに炭酸ガスなどの活性ガスを使用するのが**図1-11**の「MAG溶接」、アルゴンガスなどの不活性ガスを使用するのが**図1-12**の「MIG溶接」。

図1-9 アーク放電の概要

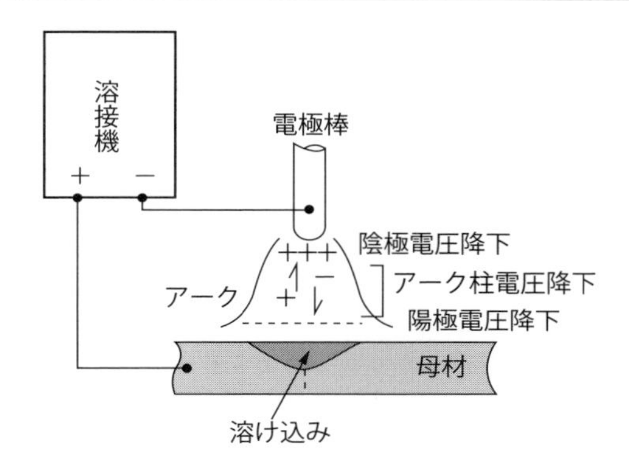

図1-10 TIGアークの発生状態

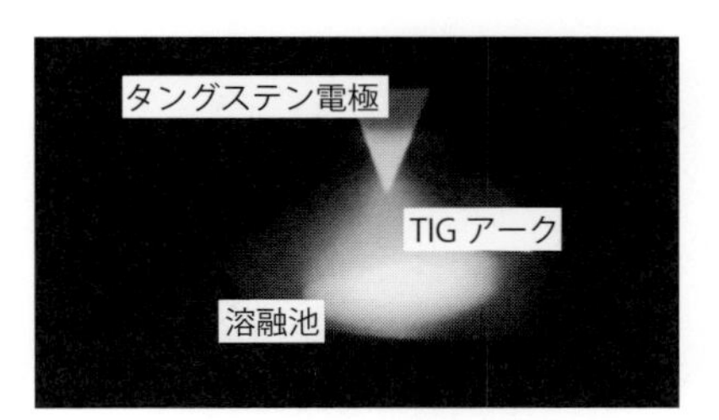

図1-11 MAGアークの発生状態

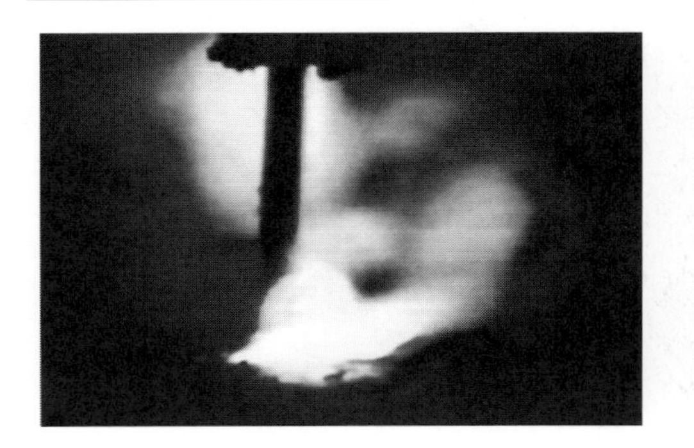

図1-12 MIGアークの発生状態

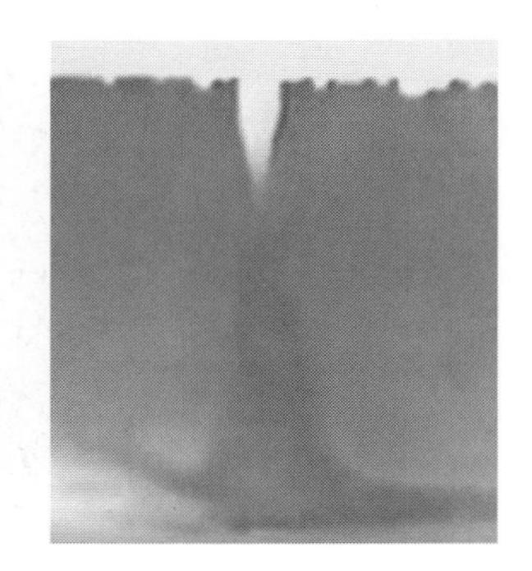

溶接欠陥に関する用語

溶接ビード余盛りの過大、不足：溶接ビードの余盛りが設計で定めた位置に対し過大もしくは不足の状態（**図1-13、1-14**参照）。
アンダーカット：溶接ビード止端に発生した切り欠き状の溝（**図1-15、1-16**参照）。
オーバーラップ：溶接金属がビード止端部で母材に融合しない状態で重なったもの（**図1-17**参照）。
ピット、ブローホール：溶接部の内部に発生したガス孔がブローホール、ガス孔が表面で開口したものがピット（**図1-18**参照）。

図 1-13　すみ肉溶接での余盛り過大

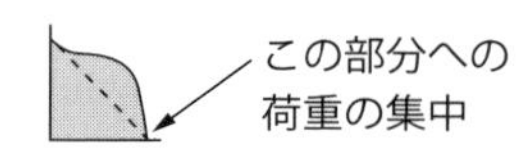

図 1-14　突合せ溶接での余盛り不足

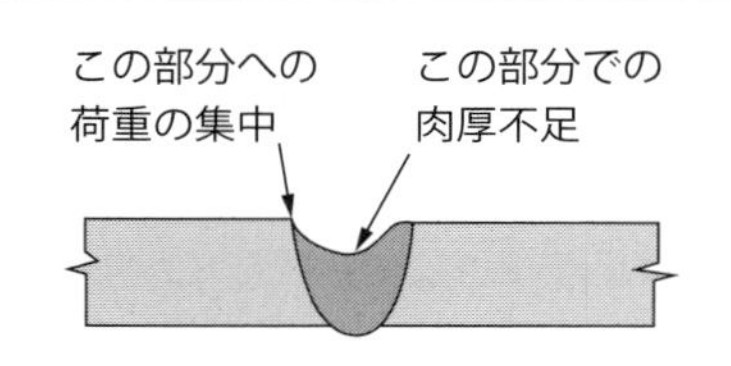

図 1-15　突合せ溶接でのアンダーカット

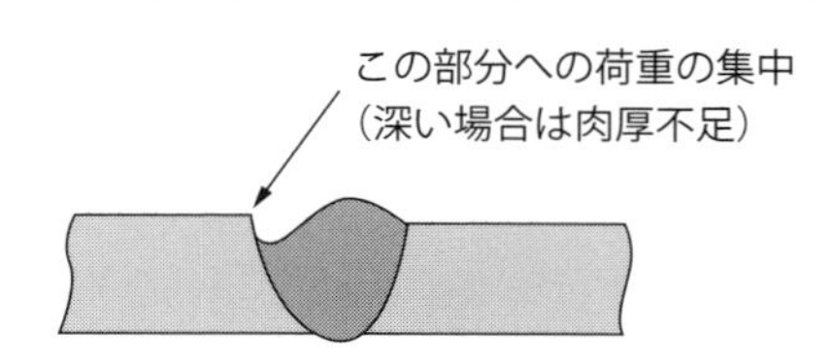

図 1-16　すみ肉溶接でのアンダーカット

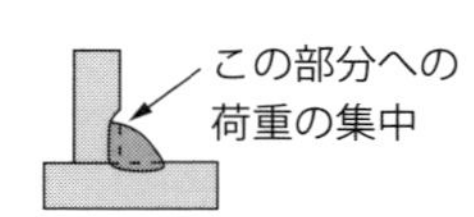

図 1-17　突合せ溶接部でのオーバーラップ

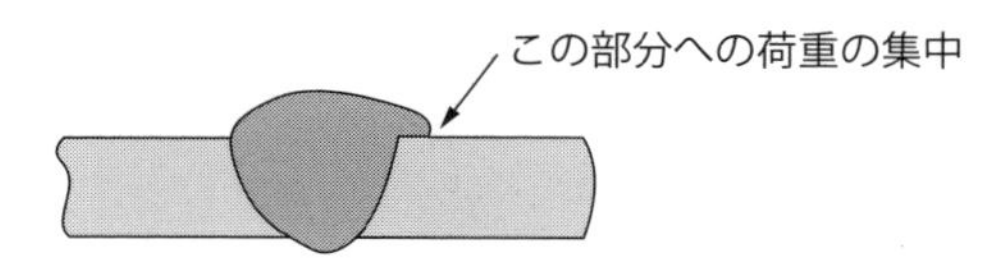

割れ：溶接によって発生した割れ（**図1-19、1-20**参照）。

溶け込み不足：設計で定めた位置まで溶け込みが達していない状態（**図1-21**参照）。

融合不良：溶接ビードの境界面が溶け合っていない状態（**図1-22**参照）。

スラグ巻き込み：溶接部に非金属のスラグが入り込んだ状態（**図1-23**参照）。

図1-18 突合せ溶接でのピット、ブローホール

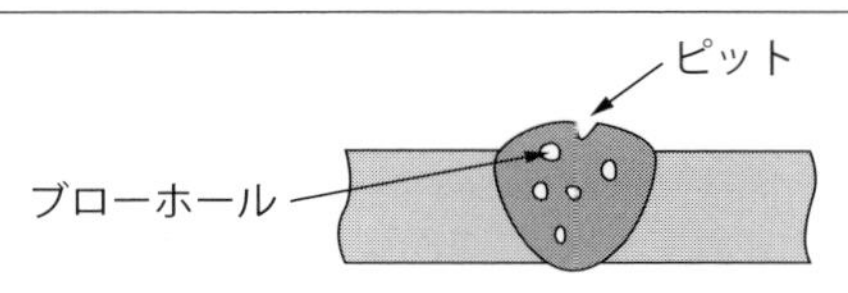

図1-19 突合せ溶接での割れ

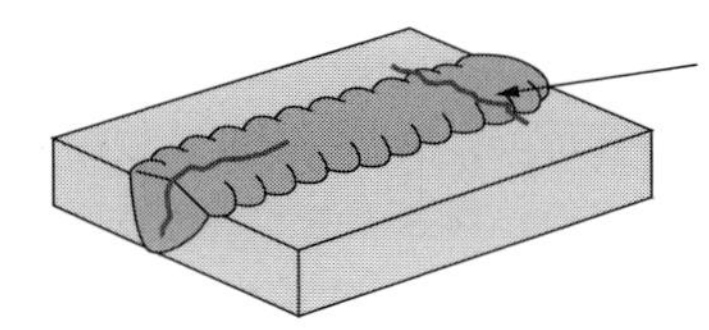

図1-20 すみ肉溶接での割れ

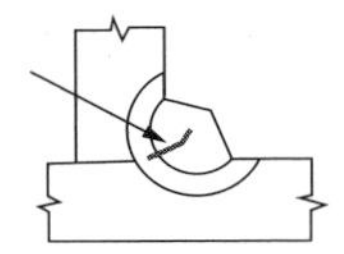

図1-21 突合せ溶接、すみ肉溶接での溶け込み不足

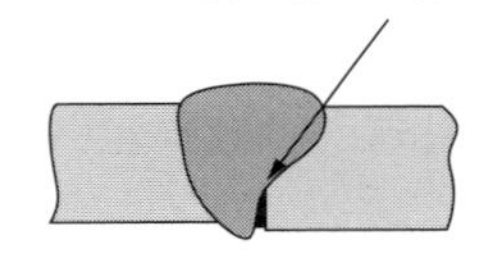
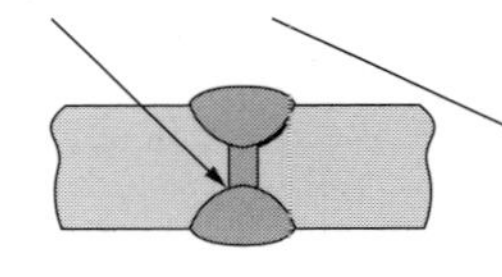
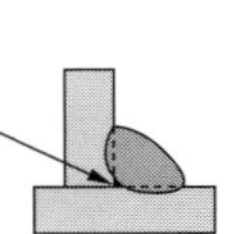

図1-22 突合せ溶接での融合不良

図1-23 突合せ溶接でのスラグ巻き込み

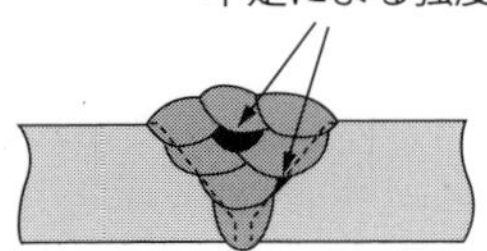

要点 ノート

溶接は金属を加熱して溶かし、その後に冷却、凝固させて接合します。したがって、その過程で発生する溶接特有の欠陥について、その影響と対策をよく知っておくことが大切です。

身の周りの製品と溶接

一般的な「溶接のイメージ」といえば、船やタンクなど大型の金属製構造物を製作するのに使われる技術であり、身近な技術として思い浮かべる人は少ないでしょう。ただ、日々の生活の中で、街の高層ビル建設現場の鉄骨の上で強い光を放ち、勢いよく火花を散らしている光景、それがまさに溶接作業を行っている状態です。

❶身の周り製品に見られる溶接

「これが溶接だ」といえるもっともわかりやすいのが、アルミニウム製オートバイの車体部分です。形状の変わる材料と材料のつなぎ目に、**図1-24**のようにそろった波目が一定の幅で並んで盛り上がった溶接部分が見つかります。これが、溶接された時にできる「ビード」と呼ばれるものです。この溶接は多くの場合、人によって1カ所ずつ溶接されています。

さらに、身の周りにある金属製品の形状の変わる部分のつなぎ目を見てみましょう。スチール（鋼）製の椅子は材料と材料のつなぎを溶接しており、**図1-25**のように波目は塗装でよく見えませんが、連続して盛り上がったビードがあります。

また、通販などで買った組立式の折りたたみベッドや机、洋服ロッカー、健康器具なども見てみましょう。これらの製品をボルトなどで組み立てる前の各部品では、パイプのつなぎ目は溶接が施されています。一方、きれいに塗装された電化製品なども、本体の外板の組立や内部の各種部材と本体の組立部分に広く溶接が利用されています（これらの製品の多くは、いろいろな溶接法とロボットの組合せによる自動溶接で製作されています）。

❷特殊な製品に見られる溶接

なお、特殊な製品の例としては、大相撲地方場所の土俵の土台となる溶接で作られたアルミニウム合金製フレームなどもあります。これは、中心位置に置いたフレームを土で覆い、盛り上げて土俵として使用します（場所が終われば、次の開催場所に運ばれ、使用されています）。さらには、パソコン内部のICの製造装置、ロケットなどの航空宇宙機器などの分野でなくてはならない技術なのです。それぞれの分野について、個々に紹介していきましょう。

図 1-24 アルミニウム製オートバイの溶接部分

図 1-25 金属製椅子の溶接部分

要点 ノート

溶接は、日常の生活とかけ離れた製品ばかりに使われるのではく、私たち日頃、身近で使っている金属製品の多くにも溶接は幅広く使用されています。日頃使っている日用品の中から、溶接されている製品を確認してみましょう。

工芸品、装飾品と溶接

❶大型のモニュメント

図1-26のような金属製の大型モニュメントは、パイプや型材を組み合わせたり、あるいは複雑に成形加工した板を張り合わせるなど、溶接を利用して製作されています。特に、屋外に展示され風雨にさらされることから、接合部に隙間の生じない密閉状態となることが求められます。これを溶接で製作する場合、溶接によるひずみの発生で目的の形状が得られなくなります。したがって、内側に形状を確保する骨材を組み上げ、これに成形した板を溶接し、密閉状態を得る方法で仕上げられます。

❷中、小型の工芸品

また、室内に置く中小型の金属造形品では、製品としてのデザイン性から複雑な形状や滑らかな曲面が求められ、材料の成形加工に工夫が必要となります。また、そうした加工面を維持した状態で製品に組み上げるための溶接にも、できるだけひずみ発生の少ないレーザ溶接やTIG溶接を断続して行い、短い溶接ごとにひずみの修正を繰り返しながら製作するといった工夫が必要となります（図1-27、1-28参照）。

なお、これらの製品の製作では、成形加工がむずかしい部分も、切断による切込みを入れて成形し、これをつなぎ合わせて目的の形状に仕上げるなど、金

図 1-26 街中の大型モニュメント例

出典：「トコトンやさしい溶接の本」（日刊工業新聞社）

属材料の特徴を最大限に活かすことで可能となります。

❸装飾品

メソポタミア時代に作られた金属装飾品やエジプトのピラミッドから発掘された王冠の装飾にも、溶接やろう接による接合部が見られます。こうした微細な装飾品の接合法は、接合する製品や材料が多種多様に変わってきているものの、女性が身に着けている現在の小物装飾品やメガネなどの製作に脈々と受け継がれています。さらに、最新の加工や溶接技術を駆使することで、通常の加工ではむずかしい**図1-29**のような組合せの製品も製作可能となります。

図1-27 中型の金属工芸品

図1-28 小型の金属工芸品

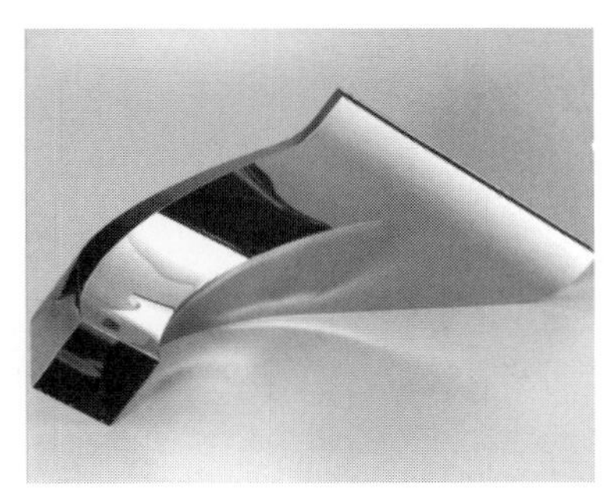

図1-29 溶接で組み合わされた装飾品例

要点 ノート

大型のイベント会場や公園、遊園地の大型モニュメントや造形品、また、女性を飾る装飾品にも金属製のものが多く見られます。これらのほとんどに、溶接などによる接合技術が使われています。

造船と溶接

❶船体製作における溶接

従来の造船にける溶接作業は、**図1-30**のように多くの溶接技能者がそれぞれに割り当てられた溶接を行い、これをつなげていくことで行われてきました。ただ、最近の船は、船体自体が大型化し二重構造になっていることから、種々の自動溶接が利用されるようになっています。その代表的なものが、長い直線部分を連続して溶接するサブマージアーク溶接や、垂直の長い部分を溶接するエレクトロスラグ溶接などです。ただ、複雑な形状部分や短い溶接長さの組合せ部分の溶接では、高いレベルの資格を持った作業者によって溶接されています。

❷内部構成品

船体内部では、船体の強度を保つため、**図1-31**のような補強材（リブ材）の組合せ構造やボイラなどの動力室、船室などを区分けする短い長さの部材を溶接して組み上げて作られています。こうした溶接も、従来は人と簡易な自動溶接の組合せで行われてきましたが、最近では高機能化されたロボットとCADシステムの組合せで効率的な組立溶接で行われています。さらに、今後は、熟練作業者の経験や知識を取り込みながら、人工知能や高機能ロボット、レーザ熱源などを組み合わせた技術が開発されると考えられます。

図1-30　船体製作の様子

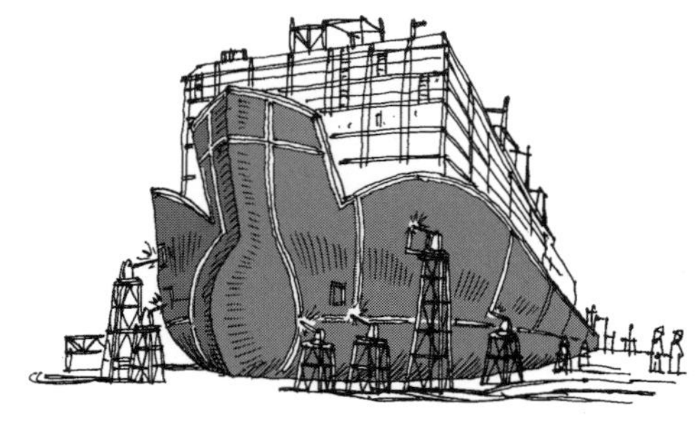

出典：「トコトンやさしい溶接の本」（日刊工業新聞社）

❸上部構造品

船の上部構造品としては操舵室などがありますが、近年の省エネ化や船自体の高速化のため、これらの構造品には**図1-32**に示すように軽いアルミニウム合金材が多く使われるようになっています。さらに、高速艇などでは、船全体がアルミニウム合金材で作られるようになっており、これらの溶接では熟練作業者によるTIG、MIGの溶接が採用されています。

図1-31 プレート材への補強材の組付溶接

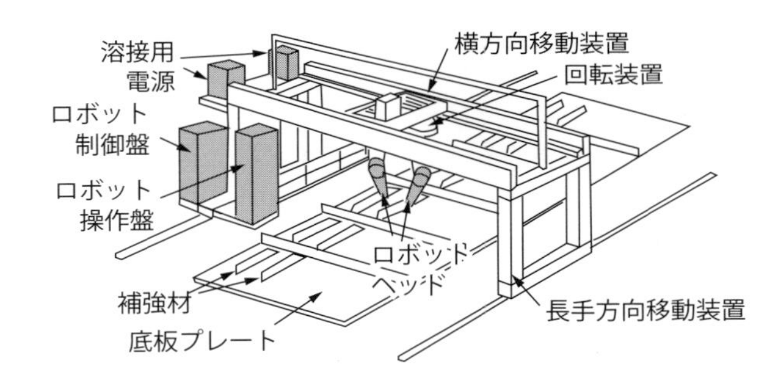

図1-32 複合構造による高速艇

出典：「トコトンやさしい船舶工学の本」（日刊工業新聞社）

要点 ノート

第二次世界大戦中の軍艦や軍用船の建造から戦後の大型タンカーの建造まで、溶接技術は長く日本の重工業を支えてきました。そうした中、技能五輪で金メダルを獲得するような優れた溶接技能者が数多く輩出されました。

建築、橋梁と溶接

❶高層ビル、橋梁における溶接

これらの分野では、構成面から、基本的に鉄骨で構成される純鉄骨造りのものと鉄筋とコンクリートによる鉄筋コンクリート造り、両者の併用造りに大別されます。

最近の高層ビル建築で多用される純鉄骨造りでは、鉄鋼材料のコラム材（溶接などで製作される肉厚6～20mm程度の角パイプ）やI形鋼が用いられ、これを部材として加工した後、溶接と高力ボルト接合で組み立てられます。

なお、これらの素材としての鉄鋼材は、従来、一般構造用鋼のSS材や溶接構造用のSM材が使用されてきました。しかし、阪神大震災以後は大震災による破壊の発生を抑える建築用のSN材が開発され使用されるようになっています（これにより、溶接をする場合の溶接材の選択や溶接のやり方の基準とその管理が厳しく規定されるようになっています）。

高層ビルに使用される部材の多くは、工場内で、**図1-33**のように人やロボットによる溶接で製作されます。こうして製作された柱や梁部材は、現場で**図1-34**のような現場溶接や高力ボルトによる接合で組み立てられるのです。

図1-33　工場内における溶接例

一方、各種の橋梁や5階建て以下のビル、マンションの建築に利用されているのが街中の建築現場でよく目にする鉄筋コンクリート造り、あるいは併用造りです。鉄筋の接合では、針金で縛るような方法の他、ガス圧接による溶接が使用されています。ただ、大型の橋梁の中心は**図1-35**に見られるように丸や角の鉄鋼製パイプ、鉄鋼製形材の組合せで製作されており、工場内溶接、現場溶接とも純鉄骨造りの場合とほぼ同様の方法で溶接されます。

図 1-34　鉄骨建設における現場溶接例

出典：「トコトンやさしい溶接の本」（日刊工業新聞社）

図 1-35　大型橋梁の製作状況例

要点 ノート

近年、溶接の利用が大きく増加しているのが建築や橋梁の製造分野です。これらの分野では、製品の大型化や構造の複雑化にともない、溶接作業者のスキルアップや各種自動溶接の開発が急務となっています。

自動車、建設機械、電車と溶接

❶自動車製造

自動車製造では、個々の溶接箇所が高品質で安定し、しかも高能率でできるよう、従来からの各種アーク溶接や電気抵抗スポット溶接に加え、レーザや電子ビームの溶接、最新のFSW（摩擦攪拌溶接）など最新の溶接技術が日々検証され実用化されています（**図1-36**が、車体の天井部をレーザでロボット溶接している状況です）。

ただ、こうした自動化生産ラインによる作業ができているのは、関連企業が人が操作する専用機で溶接した各種部品を、指定された日時に間に合うよう納入しているからなのです（特に、自動車の骨組みとなるフレーム材や重要保安部品である足回り部品などの組立では、人が溶接トーチやスポット溶接ガンを駆使し、厳しい品質要求を満足できるよう溶接しています）。

なお、今後、ガソリン車から電気自動車への転換が求められる中、使用される材料や車体構造の変化に合わせた溶接が必要となり、これまで以上に目的に適応できる溶接法の開発が求められるようになるでしょう。

❷建設機械製造

図1-37の各種ショベルカーなど建設機械の主要部材組立工程では、比較的溶接のやりやすい板厚6～15mmの鋼部材の組合せ溶接が多く、炭酸ガスアーク溶接の溶接トーチをロボットに搭載する溶接で90％に近い自動化が達成されています。ただ、建設機械でも使用材料が薄くなる運転席部や細かい部分の製作では、人によるスポット溶接や短い長さの各種アーク溶接が多く行われています。

❸電車車両製造

長い薄板材の組合せ構造となるのが、電車の車両の組立です。この溶接では、移動可能な天井クレーンに吊り下げられたロボットと溶接のやりやすい位置で作業できる固定装置（ポジショナー）の組合せによる自動溶接や人と機械の協調溶接作業が行われています。ただ、溶接長さが長くなる車両の製作では、こうした溶接作業とともに溶接によるひずみの除去作業（ひずみ取り）に高い技能と経験が活かされます。

図 1-36 乗用車のレーザ溶接状況例

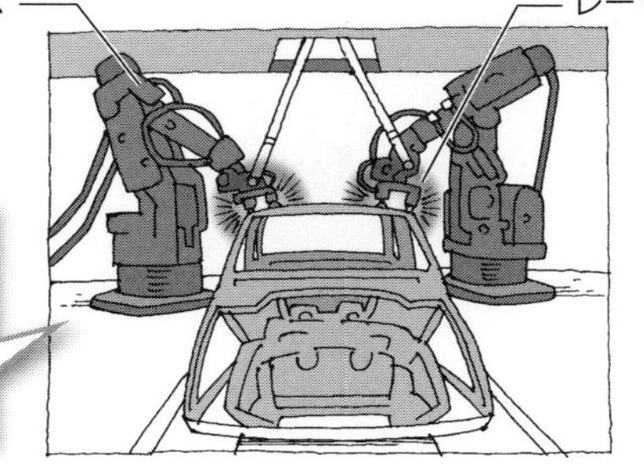

出典：「トコトンやさしい溶接の本」（日刊工業新聞社）

図 1-37 建設機械の主要溶接部分

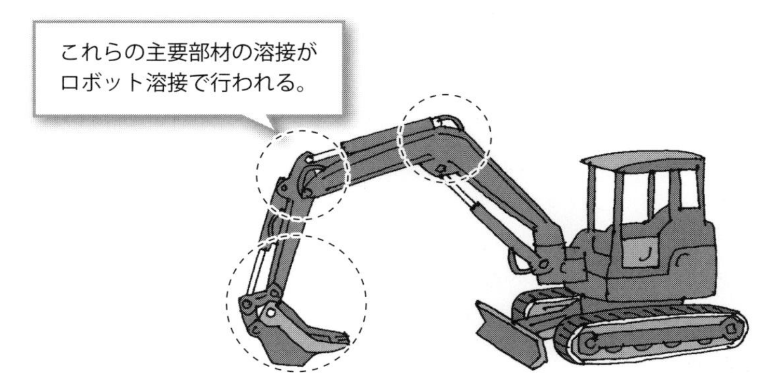

これらの主要部材の溶接がロボット溶接で行われる。

出典：「トコトンやさしい溶接の本」（日刊工業新聞社）

また、新幹線の先頭車輛の先端部に見られる特殊形状部分の成形加工やその組立溶接では、熟練作業者の技能と経験、そして技術者による検証力の連携が重要となります。したがって、こうした溶接などの作業を通して車両の内部構造や動きの仕組みまで見えてくるので、鉄道ファンにとっては魅力的な職場かもしれません。

要点 ノート

自動車や建設機械、電車などの製品部材や本体の組立工程においても、溶接は幅広く利用されています。

微小精密部品や先端機器と溶接

❶微小精密部品

私たちが日常利用している携帯用の電話、パソコン、音響機器など小型で軽いことがその商品のポイントとなる製品では、極限に近い小型化や薄肉化が進められています。こうした製品の中に組み込まれる部品材は、板厚0.02～0.5mm、幅や長さが数mmといったものです。通常、これらの部品は精密板金加工などの方法で成形加工されますが、小型で形状が複雑な場合は加工しきれません。こうした場合、加工された細かい部品同士は、**図1-38**に示すように顕微鏡で確認しながら、手動のレーザやマイクロスポットと呼ばれる小型の電気抵抗溶接で溶接されるのです。

さらに、これらの製品に使用される微小部品を成形加工するための金型補修においても、専用の小型レーザや特殊TIG溶接機を使用する精密溶接が行われます。

❷マイクロマシーンや電子部品

人の体内で動き回って治療を行うマイクロマシーンと呼ばれる超小型ロボットの開発も進められています。こうした機器の組立も、出力の小さいレーザやマイクロスポット溶接、超音波溶接、真空中で行うろう付けや圧接といった方

図1-38 人が行う微小部品の溶接

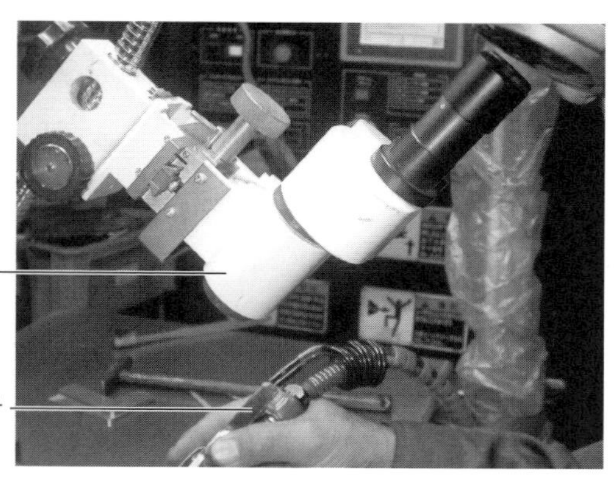

法で接合されています。

同じように、集積回路部品（IC）の配線などでは、髪の毛よりも細いアルミニウムや、金の細線を各端子部材に張りながら超音波溶接で接合しています（超音波溶接は、超音波による振動で接合面を活性化し、加圧して接合します）。また、光ファイバや各種小型電池のケース、センサ、医療用や精密機械用部材の溶接にも小出力のレーザ溶接が利用されます。

❸先端機器・装置

ICの基板材であるシリコン単結晶素材の製造は、不純物のない真空の雰囲気で行う必要があり、溶接で製作した気密性の高い真空容器が必要となります。さらに、IC製造や硬い化合物皮膜の形成装置、電子や陽子、イオンを衝突させて素粒子を発生させる装置などでは、さらに不純物のない超高真空の雰囲気が不可欠で、より高度な溶接が必要です。

さらに、ジェット機に使われるターボエンジン、ロケットや人工衛星、深海探索船など極限に近い状態で使用される機器類の組立にも溶接が大きくかかわっています。なお、これらの製品の溶接作業の中には、**図1-39**のように溶接している箇所がまったく見えない状態で、漏れてくる光やアークの発生音から溶接位置や溶接状態を察知しながら、必要品質を満たす溶接を行うことが求められます。

図1-39 アーク音などを頼りに行う溶接例

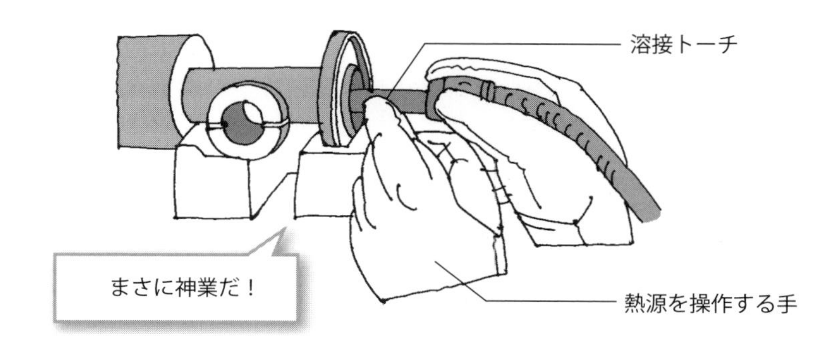

出典：「トコトンやさしい溶接の本」（日刊工業新聞社）

要点 ノート

溶接といえば、造船や建築、圧力容器など大きくて重い重厚長大型の産業に利用される技術と思われがちです。しかし、一方で、板厚0.02～0.5mm、幅や長さが数mmといった微小精密部品の組立などにも広く使用されています。

コラム

● 人の溶接、ロボットの溶接そして協調溶接 ●

溶接作業は、強い光と高温の中での3K作業の代表とされ、近年では、こうした溶接作業をできるだけロボット溶接に置き換え、人を解放しようとする動きがあります。ただ、こうしたロボットによる溶接は、溶接条件の変化が生じにくく、同じ品質の溶接が確実に得られやすいといった利点があるものの、その適用は、品質的に許容が大きく大量生産的な製品に限られるなど問題があります。

一方、人の溶接作業は、視覚や聴覚といった五感を利用して、瞬時の溶接状態に対し適切な対応をとることで高品質の溶接を可能にします。ただ、溶接状態を確認しながらの作業となるため、作業速度が遅くなりがちです。これに対し、ロボットなどによる自動溶接は、人が教えた条件を忠実に再現できるため、人の作業ではむずかしい一定速度の移動や、高速度の移動が可能となります。一方、加工中に不良が発生しても、人の作業のように瞬時にこれを修復するような機能は持ち合わせていないので、不良の発生に気づかなかった場合には「不良品の山」を作ってしまう危険性を持っています。このように、人の溶接作業、ロボットの溶接作業はおのおの長所と短所があります。

そこで、人が行う価値のある作業は人が、人が苦手でロボットが得意とする部分はロボット作業とする「人とロボットの協調溶接」といった溶接法も考えられます。近年、人との協調作業に利用できるロボットが開発されてきています。「人とロボットの協調溶接」が、間もなく現実になる予感を感じます。

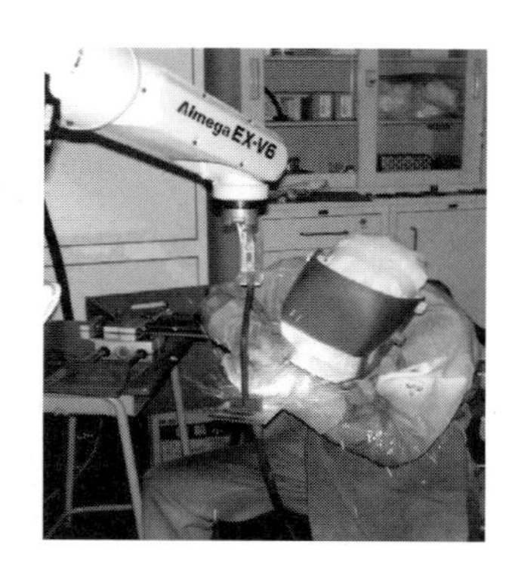

人とロボットの協調溶接が理想的な姿。

【 第2章 】

溶接の作業前準備と段取り

熱や光による障害とその安全対策

❶赤外線や紫外線による皮膚の障害

光や熱の赤外線や紫外線による皮膚の障害、早くいえば「日焼け」です。ガス炎や高温の金属から発生する光は、これらを直接受ける場合のみの危険です。しかし、アークの強い光では、直接的な光だけでなく、周りの金属や壁などで反射された光によっても起こります（この場合、耳の奥まで焼けて肌はヒリヒリし、すぐに皮膚がむけるようになります）。

一方、ヤケドは、こうした熱や光の他、溶接を完了した直後の溶接材に触れることや、溶接や溶断で発生するスパッタを浴びることでも発生します。したがって、溶接作業では**図2-1**に示すような革あるいは難燃性布の保護具で全身を確実に保護します。

❷目の障害

溶接用の熱源からは強い可視光線や赤外線、紫外線が出ています。これらの光を長時間、直接見ていると、「作業を終えて寝ようとすると目がゴロゴロし、痛くて眠れなくなる炎症を起こします（こうした場合は、濡れ手ぬぐいなどで目をよく冷やします）」。さらに、遮光性の悪い遮光ガラスを使用して長い

図 2-1 溶接作業おける保護具の着用状態

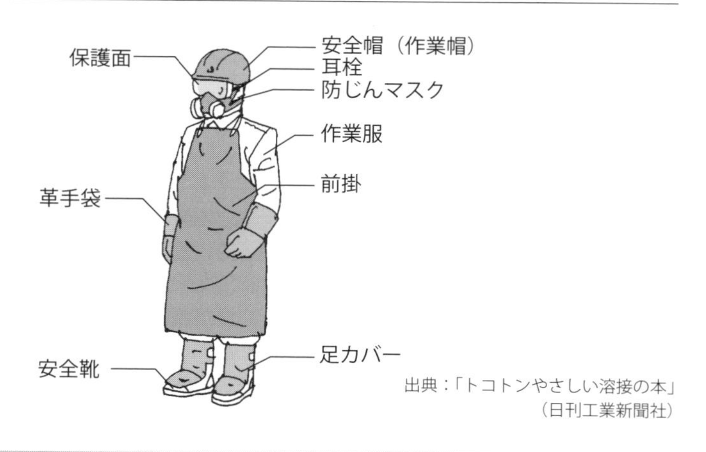

出典：「トコトンやさしい溶接の本」（日刊工業新聞社）

期間溶接作業に従事するなり、炎症をいく度となく繰り返すと、目の障害なども発生する危険性があります。したがって、これらの危険性を防止するためには、日頃から次の注意が必要です。

溶接・溶断作業に従事する場合は、**表2-1**に示す適度な暗さと有害光線の侵入を防ぐ遮光ガラスを取り付けたメガネやハンドシールド、ヘルメットを使用します（この遮光ガラスには、金属の溶けている状態がよく見きわめられる暗さと有害光の侵入を防ぐ機能を持つことが必要で、JISやDINの認証マーク付きのものが推奨されます）。

なお、ハンドシールドやヘルメットを使用する作業では、面にはめ込まれた遮光ガラスで真っ暗闇での作業となり、溶接開始位置と熱源の位置関係の確認などの作業性が優れるハンドシールドでの作業が好まれます。ただ、品質の良い溶接には、ヘルメットを使用し、空いた手で溶接トーチを保持して作業することが推奨されます（確認作業は素ガラス状態で、アーク発生と同時に遮光ガラス状態に変化する液晶形ヘルメットの利用は有効です）。

表2-1 各種溶接、溶断作業で必要な遮光ガラス

<table>
<tr><th>遮光度No</th><th>被覆アーク溶接</th><th>半自動アーク溶接</th><th>ガス溶接・溶断</th></tr>
<tr><td>3～4</td><td>－</td><td>－</td><td>70ℓ/時間　以下</td></tr>
<tr><td>5～6</td><td>30A以下の作業</td><td>－</td><td rowspan="4">＊溶接は1時間当たりの酸素使用量、切断は1時間当たりのアセチレン使用量</td></tr>
<tr><td>7～8</td><td>30～75Aの作業</td><td>－</td></tr>
<tr><td>9～11</td><td>75～200Aの作業</td><td>100A以下の作業</td></tr>
<tr><td>12～13</td><td>200～400Aの作業</td><td>100～400Aの作業</td></tr>
</table>

要点 ノート

ガスやアークなど高温の熱源を使用し、金属が溶けるような高温状態で作業を行う溶接や金属を溶かして切断する溶断作業では、①高温の熱源から放出される赤外線や紫外線による目や皮膚の障害、②作業で発生するガスや金属蒸気、ヒュームと呼ばれる煙状の蒸気などによる中毒症やじん肺、③溶けた金属から発生するスパッタ（溶接や溶断で発生する高温の金属粒子）などによる火災や爆発、などの共通的な安全上の問題が発生します。

溶接、溶断に必要な安全対策

❶ガス自体の爆発やガスボンベの破裂事故

図2-2に示すように、ガス溶断で発生するスパッタは、作業状態により数mの範囲に飛散します。この飛散したスパッタが作業周りの燃えやすい油や布、ガスホースなどに引火し、火災を発生させ、ガスボンベを加熱することで爆発やボンベの破裂事故を発生させることがあります。こうした火災や爆発の防止には、危険性のあるものは置かない作業場の整理整頓が重要で、移動のむずかしいものには難燃性が確認されたシートによる保護を行います。

❷感電、電撃事故

家庭で使用している電気は100V、数Aですが、アーク溶接では数十V、数百Aの低電圧、高電流の電気を使用します。人が電気の流れている導電材に触れた場合のビリビリの感電と感電によるショックの電撃の危険度は、電流の大きさや通電時間、電流の経路、電流の種類によって異なります。

中でも、危険度の高いのが交流の大電流で、筋肉のけいれんや神経の麻ひで自由を奪われない限界の電流値（離脱電流）は、通常の交流電流の時、成人男子で9mA、女子で6mAといわれています。また、人の電気抵抗は、皮膚が乾燥している状態では1万Ω程度で（すなわち、危険電圧条件は90V程度となります）、水に濡れているとその1／25にまで低下します。

そこで、交流の溶接機では、高い程やりやすい溶接開始時の電圧（無負荷電圧）を乾燥時の許容限界に近い80V以下に抑えるとともに、電撃防止装置（通常の電圧は25V以下で、溶接開始に80Vにもどる）を付加するなどして安全性を高めています。

❸ヒュームによる中毒症やじん肺

アーク溶接作業中のアークの周りには、**図2-3**のように、ガスやヒュームで構成される煙が見えます。この中のヒュームは、金属の蒸気やその蒸気と酸素、窒素が化合した酸化物、窒化物で、これを多量に吸い込むと中毒症を起こします。また、ヒュームが長期間体内にたまると、じん肺になる危険性もあります（したがって、常時こうした作業に従事する場合は、じん肺などの定期診断を受ける必要があります）。

こうしたことから、溶接作業では、

①「粉じん災害防止規則」により、作業場周囲の通風や換気の配慮が必要になります（特に危険性の高い狭い場所での作業では、事前に局所排気装置の設置などを十分検討しておくことが必要でしょう）。

②アーク溶接中の作業者は、ヒュームやガスの吸入防止のため、防止効果がJIST8151「防じんマスク」規格に合格した防じんマスクを着用しておくことが必要です。

③ヒュームや危険ガスの発生が多い狭い場所での作業や十分な換気ができない作業では、防毒マスクの着用なども必要でしょう。

④圧力容器内など密閉されていた場所で長時間ガシスールドアーク溶接するような場合，酸素欠乏症になることがあります。したがって、こうした場所での溶接作業では、「酸素欠乏症等防止規則」に基づく「空気中の酸素の濃度を18％以上に保つような換気」などにも注意が必要となります。

図 2-2　ガス溶断で飛散するスパッタ

出典：「トコトンやさしい溶接の本」（日刊工業新聞社）

図 2-3　アーク溶接におけるヒュームの発生状態

要点 ノート

ガスやアークなどを使用する溶接、溶断作業では、①ガスを使用する場合では、ガス自体の爆発やガスボンベの破裂事故、②電気を使用するアークでは感電事故、など個々の作業で特有の安全上の問題が発生します。

溶接作業と必要な資格

❶ガス溶接技能講習

ガス溶接技能講習では、ガス炎による溶接や切断、予熱などの作業をする場合、ガス溶接技能講習の修了証明書を所持しておくことが必要です（違反すると、作業者だけでなく事業者も罰せられることとなります）。この講習は労働基準局長が認定した指定機関で行われ、学科8時間、実技5時間の講習を受け、最後に行われる修了試験の合格者に対して修了証が交付されます。

アーク溶接の場合もガス溶接の場合と同様、学科11時間、実技10時間以上のアーク溶接特別教育を受けることが義務付けられています。この他、レーザ光による災害、ロボット取り扱い中の誤動作による災害に対する安全教育も、これらの作業に従事する予定の作業者に対し、専門の講習会で教育を受けさせることが必要になっています。

❷溶接技能者資格

溶接作業では、**図2-4**に示す各姿勢で溶接する必要が生じます。この場合、作業の難易度は、基本的に下向き、立向き、横向き、上向き、全姿勢の順でむずかしくなります。そこで、溶接作業者の技能レベルを評価するため溶接技能者資格試験が行われています。一般的な資格試験はJISで規定され、溶接する材料や材料の板厚、溶接法などで分類されます。**表2-2**が、炭酸ガスアーク溶接の技能資格試験の概要を示すものです。資格は、表のように溶接する材料の板厚や溶接姿勢によって分かれていますが、表中の下向き姿勢溶接（基本級）は、すべての溶接の基本となり、これを合格することが他の専門級受験の前提条件となります。

こうした溶接技能者資格試験は、軟鋼材の炭酸ガスアーク溶接の他、被覆アーク溶接やTIG溶接、TIG溶接と半自動溶接や被覆アーク溶接との組合せ溶接があります。さらに、ステンレス鋼のTIG溶接、アルミニウムのTIG、MIG溶接、ろう付け、プラスチック溶接などがあります。最近では、こうした溶接技能者資格を世界共通資格にする努力がなされ、試行されるようになっています。

図 2-4 各種姿勢での溶接作業

下向き
全姿勢溶接
すべての姿勢を
つなげながら
（むずかしそうだ）
立向き
上向き

出典：「トコトンやさしい溶接の本」（日刊工業新聞社）

表 2-2 JIS による炭酸ガス（半自動）アーク溶接の試験種目

	溶接姿勢				
	下向き（F）	立向き（V）	横向き（H）	上向き（O）	全姿勢※
薄板の場合（t=3.2mm）	SN-1F	SN-1V	SN-1H	SN-1O	SN-1P
中板の場合（t=9.0mm）	SN-2F	SN-2V	SN-2H	SN-2O	SN-2P
厚板の場合（t=19.0mm）	SN-3F	SN-3V	SN-3H	SN-3O	SN-3P

（SNのSは半自動アークを、Nは裏当て金なしを表す。）
※管を水平、鉛直に固定し全姿勢で溶接（この場合、1Pではt=4.9mm、2Pではt=11.0mm、3Pでは t≧20.0mmの管を使用）。

要点 ノート

作業中の危険性が高いガスあるいはアークを使用する溶接作業では、作業に従事しようとする前に安全に作業可能な学科と実技の教育を受け、教育を修了したことの証明書を取得しておくことが労働安全衛生法に定められています。また、実製品の溶接では、作業のむずかしさに対応した技能を有していることが求められる場合があり、そうした技能レベルを証明するための資格制度もあります（造船やボイラなど業種や作業によって、異なった独自の資格が必要な場合があります）。

前段取りの流れ

❶溶接製品の加工工程

図2-5は、一般的なものづくり製品における受注から製品製作までの手順を特殊工程の溶接による製品製作を加えて示したものです。受注が完了すれば、まず製品に対する品質の設定を行います（本来、ものづくりにおいては、この品質の設定がもっとも重要で、これをあやふやにすると後のすべての工程の目標値が不明確となり、無駄な作業に時間を費やすこととなります）。

この品質設定では、①製品の持つべき機能、②要求された寸法精度、③要求された強度を満足しておくことが必要です（溶接では、ややもすれば重要視されがちな外観品質は強度品質の補完にはなりますが、本質的なものではないと考えられます）。

品質設定が決まれば、これに合わせた製品の設計が行われます。設計では、①構造体としての製品設計、②各部材ごとの設計（これにより、部材の材質と形状が決まります）、③部材の接合継手の設計（溶接では、継手設計として開先形状、溶接の大きさや長さが設定されます）。

❷溶接施工要領書の作成

次に、設計図に基づくものづくり作業に対する作業標準の作成に入ります。ただ、製品の仕上がり状態だけで品質の確認のできない「特殊工程」の溶接では、一般的な加工の作業標準に変わる「溶接施工要領書（WPS)」の作成が必要となります。WPSの作成に当たっては、発注者の立ち会う溶接施工法試験が次の手順で行われます。

①設計された図面で決まった製品素材の組合せ継手の溶接を、実製品で溶接しようとしている「開先形状」、「溶接法と使用する溶接材料」、「溶接条件」、「溶接による材料の変質に対応するための溶接前加熱（予熱）や溶接後加熱（後熱）の条件」で溶接した試験材を作成します

②作成した試験材から引張りや曲げ、衝撃、組織試験などを行う試験片を取り出し、それぞれの試験結果が目的とする性能の健在な溶接になることを確認します（こうしておけば、同じ条件で溶接された製品の溶接部は、施工法試験で確認された性能と同等と考えるのです）。

③施工法試験で確認された各条件を整理してWPSが作成され、作業者に指示する手順書となります（したがって、このWPSに従った実施が行われているかを溶接前、溶接中、溶接後に確認、これを客観的にいつでも証明できるよう管理記録を残すことが必要となるのです）

図 2-5 製品製作までの作業手順

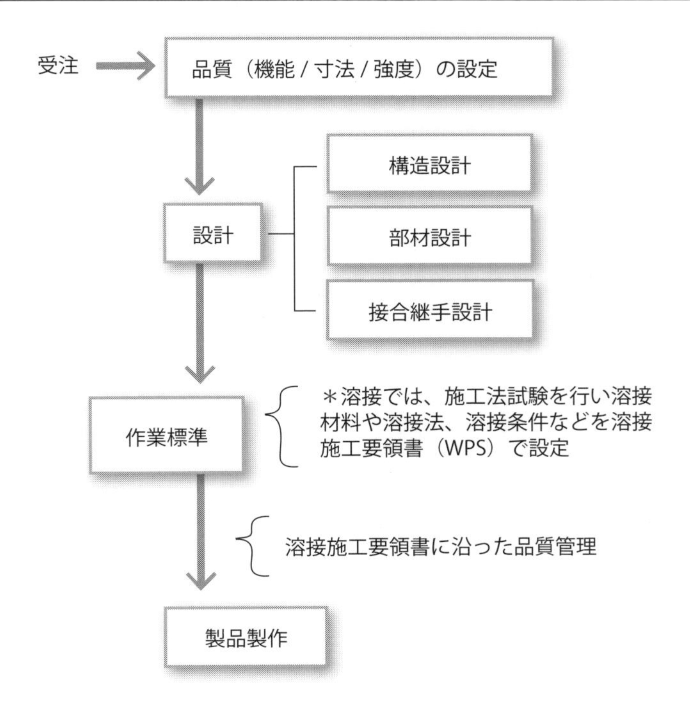

要点 ノート

通常、ものづくり製品は設計や各種加工、各工程での検査などを経て製品として仕上げられます。溶接で製作される製品では、作り込まれた製品の品質がそれぞれの工程の後の試験や検査では十分に確認できず、製品を使用している段階で不良部が欠陥として現れることがあります。こうした溶接を利用するものづくりの工程は「特殊工程」と呼ばれ、特殊な工程管理の製品製作が必要となります。

素材の確認と管理

❶材料の成分組成を知る方法

材料の成分や組成を知る方法には、①物理的、化学的な分析試験による方法、②材料購入時に入手できるミルシートで知る方法、③JISの材料規格から見出す方法などがあります。「分析試験による方法」は確実で正確ですが、装置や手順などの関係から、従来は専門業者に委託していました。ただ最近では、**図2-6**（a）に示すような小型の機器を製品材料表面に当てるだけで、（b）に示す使用材料の成分を比較的手軽に知ることができるようになっています。

一方、「資料による方法」は、現場で手軽に利用できる方法で、①材料購入時に、購入業者に依頼することで入手できるミルシートで確認する方法、②JIS材料に定められている成分で知る方法（製作図面中に記載されている材料の表示記号に相当するJIS材料をネットなどで調べます）があります。

一般的なミルシートには、入手材料を指定する事項や機械的性質、化学成分が表示されています。**表2-3**がJISのSPCF相当材の機械的性質と化学成分の表示例です。それぞれの値は、製造された材料そのものの値であることから限定した値となっています。なお、ミルシートには、硬さや曲げ性能、材料の加工特性を示すn値やr値なども記載されることがあります。

表2-4は、JISに規定されたSPCF材の機械的性質と化学成分例です。上述の表2-3の値すべてが、この規定の範囲に入っていることがわかります。な

図 2-6　携帯式分析機による分析試験

（a）試験状況　（オリンパス㈱）

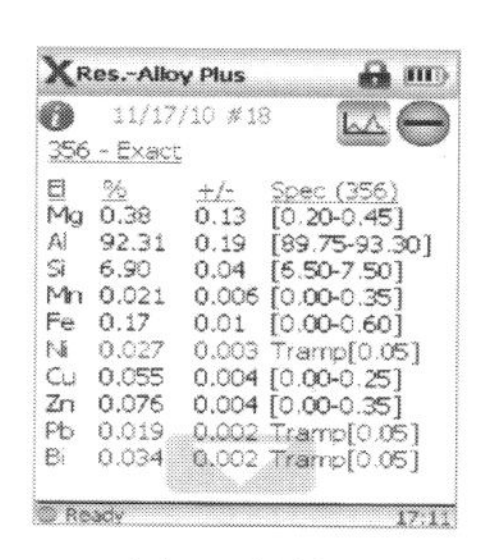

（b）分析結果

表 2-3 ミルシート記載の SPCF 相当材の機械的性質と化学成分例

引張り試験(T・T)[GL(標点間距離=50mm)]			化学成分(%)				
降伏点(耐力)	引張り強さ	伸び	C	Mn	Si	P	S
Y・S(N/mm²)	T・S(N/mm²)	EL(%)					
169	301	51	0.02	0.10	0.01	0.013	0.006

これらのすべて値は、JIS 規定値範囲に入っている。

表 2-4 JIS 規定の SPCF 材の機械的性質と化学成分例

引張り試験(T・T)[GL(標点間距離=50mm)]			化学成分(%)				
降伏点(耐力)	引張り強さ	伸び	C	Mn	Si	P	S
Y・S(N/mm²)	T・S(N/mm²)	EL(%)					
210以下	270以上	―	0.08以下	0.45以下	―	0.030以下	0.030以下

お、このJISの材料成分値で材料の特性を判断しようとする場合は、示されている範囲の中間値で判定するのが良いでしょう。

❷成分表、材料の管理

先に示した使用材料の成分表は、ものづくりの作業標準（溶接ではWPS）を決めるうえで指標となるだけでなく、加工中の不良の発生の原因究明や品質保証の証明などに利用できます。したがって、設計で使用する材料が決まった段階でこの成分表を準備し、製品出荷後も整理、保管しておくことが必要です。

一方、加工段階で正しい箇所に間違いのない成分の明らかになった材料が使われるように、混じり合って取り違えることのない分類や保管が重要であることがわかります。

要点 ノート

ものづくりにおいて、使用する材料をよく知っておくことは、①製品として求められる特性を満足させる、②製品製作過程での加工条件や加工による性質変化を知るうえで非常に重要です。したがって、日々の作業においては、自分が使用している材料の成分や含有量を知って作業を進めることや、指定された成分、板厚、処理状態の材料であることが確認できるよう分類、保管しておくことが必要となります。

開先の検討と設定

❶溶け込み形成に及ぼす開先の作用

図2-7は、アーク溶接の溶け込み形成に及ぼす開先の作用を示すものです。板厚が厚く（a）の開先なしの溶接では、通常の溶接条件の場合、必要な溶け込みは得られず、溶け込み不足欠陥を発生することになります。そこで、図2-7（b）のように開先を加工します。

通常、開先は溶け込みを深くする効果を目的に溶接部に加工されると考えられがちですが、開先内の溶接では開先面が熱を奪い、むしろ溶け込みを少なくするように作用します。したがって、開先は製品で求められる溶け込み深さを得るため、図2-7（b）のように母材の目標溶け込み位置まで溶かすことができるように、熱源の作用点を近づけます。

❷各種開先と溶け込み形成の関係

図2-8は、溶け込み形成に及ぼす開先の作用について、板厚6㎜軟鋼板突合せ継手を直流TIGで溶接することで調べた結果です。

図2-8（a）の密着I形継手では、アークが開先面による冷却を受けることな

図 2-7 開先加工の効果

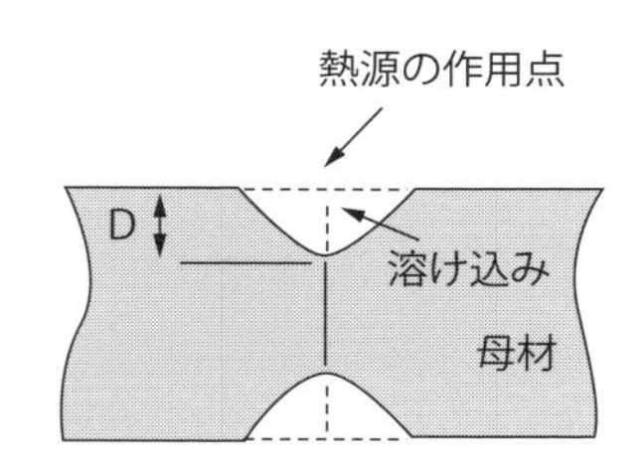

（a）開先なしの場合

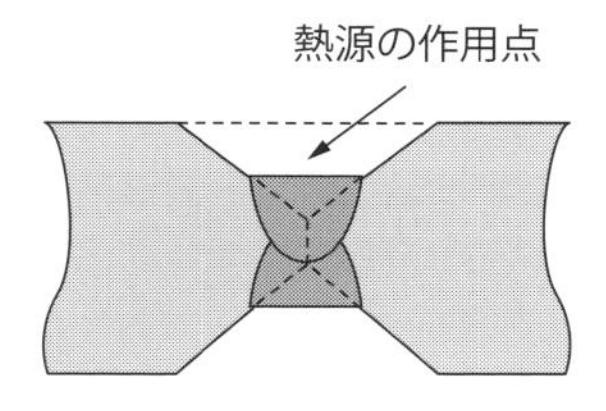

（b）開先ありの場合

図 2-8 開先状態と溶け込み形成の関係

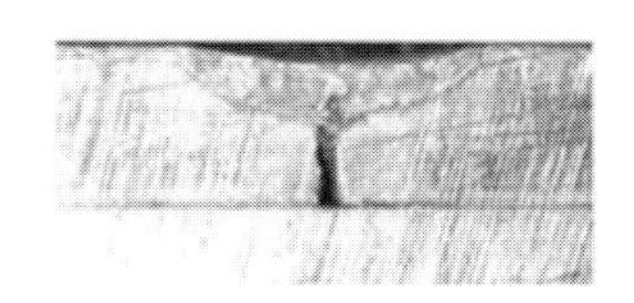

（a） 密着Ｉ形継手　（b） ギャップ１mmＩ形継手

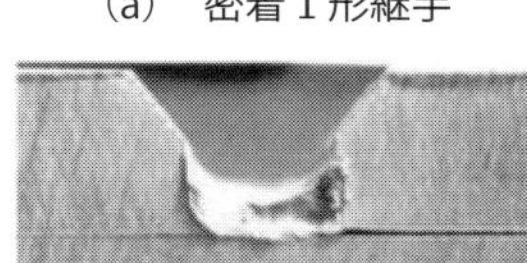

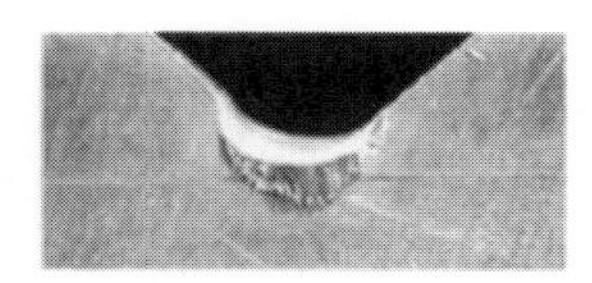

（c） 60°Ｖ形開先継手　（d） 90°開先Ｖ形継手

く広がり、このアークの広がりに合わせて母材表面部での溶融は進みます（ただ、溶融幅に対して深さの浅い溶け込み形成となります）。

一方、図2-8（b）のギャップ1mmI形継手では、ルート間隔を設定したことで溶融しやすくなった開先のエッジ部が先行して溶融し、それにともなって溶融金属がルートの空隙内に沈み込み、幅方向への広がりが抑えられ、深さ方向への溶け込みが改善されるようになっています（こうした効果は、両エッジの溶融金属が会合し、一体のプールを形成できる条件の範囲においては、ルート間隔の設定を広くするとその効果は大きくなります）。

また、図2-8（c）の60°Ｖ開先継手では、開先壁面で熱源が冷やされるとともに、狭い開先のため溶融したルート部金属が広がらず、その結果、ルート部の溶融金属層が厚くなり、ルート部直下への溶け込みがほとんど得られなくなります。ただ、開先を90°Ｖに広げた図2-8（d）の継手では、開先角度を広くしたために熱源の冷却作用が抑えられるとともに、開先内の溶融金属が広がり、ルート部直下の溶融金属層が薄くなることで、この部分の溶け込みの改善効果が得られるようになっています（これらが、適切なルート間隔と形状の開先を設定することの効果です）。

要点 ノート

溶接前の段取りとして行われる開先の設定は、溶接で必要とされる溶け込みを得るために溶接部に加工される溝のことです。こうした開先の形状や深さは、溶接品質を左右するだけでなく、作業性やひずみの発生、仕上げを含めた作業時間にも影響します。したがって、開先の設定にはこれらのことを十分に考慮した検討が必要となります。

ガス溶接

❶ガス溶接を行うための装置

図2-9が、使用するガス溶接の装置です。図のアセチレンや酸素は、プロパンガスと同様、ガス屋さんからボンベで貸し出されます。このガスのボンベ容器出口に各ガス用の圧力調整器、ガスホース、溶接用トーチを接続することで形成されます（図のそれぞれの名称、装置の構成をよく確認してください）。

❷ガス溶接装置の設定

①酸素およびアセチレン（場合によってはプロパン）ボンベにそれぞれの圧力調整器を取り付け、その取付状態や調整器と溶接トーチ間のガスホースがしっかりと取り付けられているかを確認します（安全教育で習得した作業前点検が不可欠で、これを確実に行います）。

②ボンベ頭部の開閉弁を開くと、ボンベに取り付けた**図2-10**の圧力調整器1次側圧力計の針が上昇するのを確認します（これにより、ボンベ内にガスの残っていることを確認しますが、圧力が0に近い場合はガスをわずかに残す状態で弁を閉め、ボンベを交換します）。

図 2-9　ガス溶接装置の構成

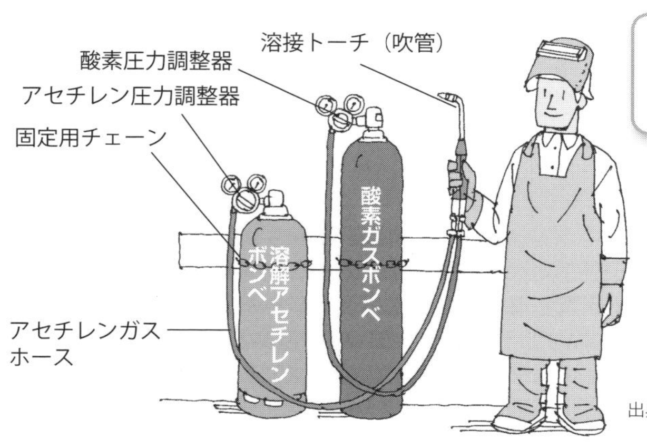

支燃性の酸素との混合ガスで火災温度が高くなる。

出典：「トコトンやさしい溶接の本」（日刊工業新聞社）

③ガス圧調整バルブで2次圧力を板厚1.6mm軟鋼板（SPC）のガス溶接条件を目安に酸素1.2Mp、アセチレン圧0.1Mp程度に設定します（この場合、使用する火口は、火口穴径0.9mmの火口番号No100のものを取り付けます）。
④石鹸水などで各ガスホース接続部でのガス漏れのないことを確認します。
⑤ガス溶接トーチのアセチレンバルブ、酸素バルブをわずかに開き、火口先端の穴からこれらのガスの噴出するのを確認し火口先端に点火します（**図2-11**）。
⑥点火が確認できたら、溶接トーチの酸素、アセチレンバルブを閉め火炎を消します。
⑦火炎を消した後は、両方のガスボンベ開閉弁を閉じ、再度トーチの両方のガスバルブを開いて残留ガスを出し切り（2次圧力が0になります）、調整期の2次圧調整バルブを完全に緩めた状態に戻します。

図 2-10　圧力調整器の1次圧力の確認と2次圧調整

- ボンベ頭部の開閉弁を開く。
  ※1次圧計で圧力が0でないことを確認
- ガス圧調整バルブで2次圧を調整する。

図 2-11　トーチへの点火

- 溶接トーチのアセチレンバルブを半回転程度開き点火する（同時に酸素バルブもわずかに開く）。

出典：「トコトンやさしい溶接の本」（日刊工業新聞社）

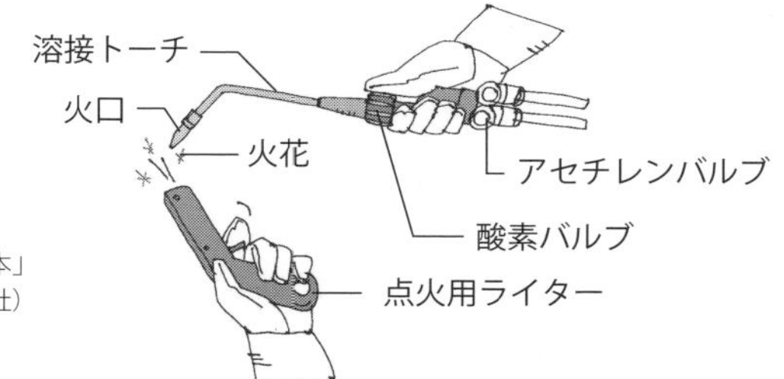

要点 ノート

ガス炎は、一般家庭でもプロパンに空気を混ぜて燃焼させ、その熱を料理などに利用しています。ガス溶接は、そうした手法を、ボンベに充てんされたプロパンやアセチレンといった可燃性ガスに支燃性ガスの酸素を混合して燃焼させ、得られる高温のガス炎を利用して金属を溶かして金属を接合する方法です。

交流被覆アーク溶接

❶溶接の概要

この方法は、**図2-12**（a）の状態で溶接が行われ、（b）のように被覆剤から生成されるガス（溶接中はアークの周りにガスを含んだ煙が確認されます）やガラス状のスラグで溶けた金属を覆って保護することから、風などの影響を受けやすい現場溶接などでも比較的高品質の溶接が可能となります。

ただ、心線には電気を通さない被覆剤が塗布されていることから、図2-12（b）のようにアークの発生する溶接棒の先端部からもっとも離れた位置の被覆剤をはがした部分で通電することになります。したがって、棒径（心線の径）に対し大きすぎる電流を流すと、心線金属の抵抗発熱で被覆剤が焼損し、安定したアークでの溶接がむずかしく、欠陥も発生しやすくなります。

このように棒径に対しやや小さい電流で溶接することから、溶け込みは浅く、心線の溶ける量も少ないことで溶接できる速度も遅くなります。また、この溶接では、溶接の進行に伴う熱源移動の操作に加え、心線の溶融にしたがって溶接棒を下げていく操作を同時に行う必要があり、作業の習熟に長い繰り返しの練習が必要となります。

❷溶接装置の設定

この溶接には、定電流特性の交流溶接機と電気ケーブルの組合せの**図2-13**の

図 2-12 被覆アークによる溶接

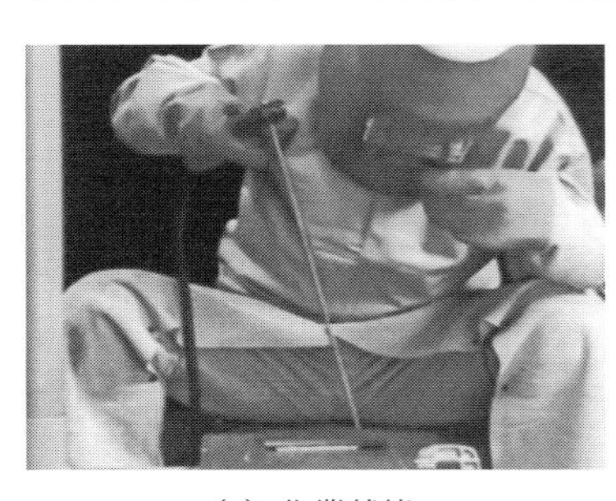

（a）作業状態

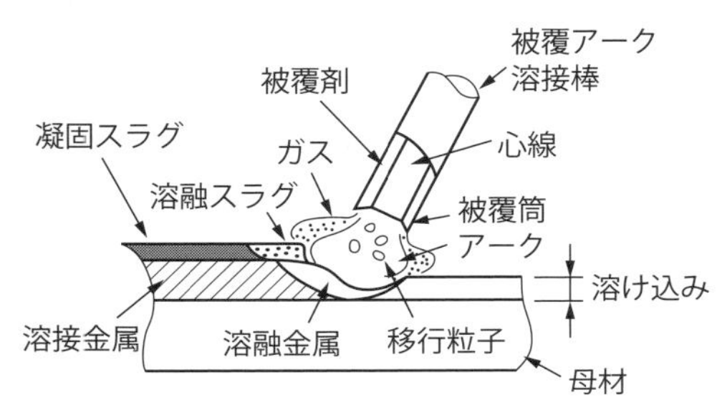

（b）溶接状態

ような簡単な装置で溶接が可能です。なお、一般的には交流200ボルトで動作する溶接機を使用しますが、家庭用の交流100Vで使える低価格の溶接機も市販されています（ただ、使い勝手がやや悪く、適用できる溶接にも限度があります）。

これらの装置の基本的な設定は、以下の手順で行います。

①図2-13の構成の装置状態を確認し、各接続部での「ゆるみ」や「破損」のないこと、ケーブルや溶接棒をくわえて通電する溶接棒ホルダに破れや損傷のないことをチェックします

②この溶接では、高電流の交流電流を使用することから、作業者は電撃による事故を受ける危険性があり、電撃防止装置を内蔵、または取り付けた溶接機の使用が必要で、作業前に**図2-14**のように電撃防止装置の作業前動作確認を行います。

図 2-13 被覆アーク溶接装置の構成

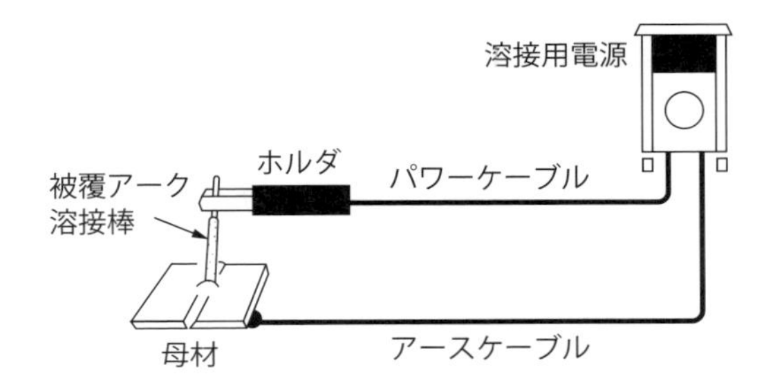

図 2-14 電撃防止装置の確認

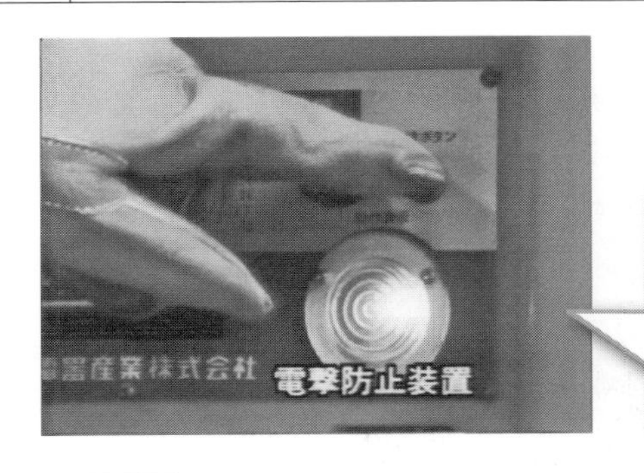

装置内蔵方式の溶接機で動作確認を行っている状況。確認ボタンを押し、確認ランプの点灯で動作を確認する。

要点 ノート

被覆アーク溶接は、母材と同質材料の金属棒（心線）を電極とし、この心線の周囲に溶けた金属を保護するガスやスラグを発生する被覆剤（フラックス）を塗布した被覆アーク溶接棒と母材との間に形成されるアークを熱源とする溶接法です。

直流被覆アーク溶接

最近の小型・軽量化が進められた交流被覆アーク溶接機では、従来機に比べ低電流条件での使用がむずかしく、適用できる作業範囲が狭いといった問題点が指摘され、こうした指摘に対しては直流被覆アーク溶接による対応が考えられます。この場合、従来からのエンジン駆動形溶接機（エンジンウェルダ）を用いる方法に加え、TIG溶接機の持つ直流被覆アーク溶接機能を利用することでも容易に可能となります。

❶溶接の概要

表2-5は、3.2mm径の低水素系裏波溶接棒で下向きビード溶接を行い、溶接可能最低電流を調べることで直流、交流の被覆アーク溶接のアーク特性を比較した結果です。表のように、各種タイプの交流溶接機を使用した場合に比べ直流の場合の使用可能最低電流は低く、交流に比べ直流を使用することで格段に作業範囲の広がることがわかります（直流被覆アーク溶接において、溶接棒を＋に接続するか、－に接続するかの差はあまり認められませんが、表2-5に示すように棒＋の溶接では溶接中にフラックスとスラグの接触によるビードの蛇行を発生しやすく、棒－の溶接が推奨されます）。

こうしたアークの安定性は、アーク切れを発生するアーク長さの差でも認められます。**図2-15**が、100Aの下向きビード溶接過程でアーク長さを少しずつ長くし、アーク切れを発生する直前のアーク長さを示したものです。交流溶接機でのアーク切れ発生直前のアーク長さが約19mm（41V程度）であるのに対し，直流では約2倍の41mm程度（62V程度）まで長くなっており、直流被覆

表2-5 溶接可能電流に着目した直流被覆アーク溶接の有用性

溶接法	DC（棒－）	DC（棒＋）	サイリスタ制御AC	一般AC	軽量形AC
溶接可能な最低電流条件	40A	55A＊	60A	75A	85A

※DC棒プラスの55Aではフラックスとスラグの接触が生じ、アークを長くして溶接する必要がある

図 2-15　アーク切れ発生に対する直流と交流の違い

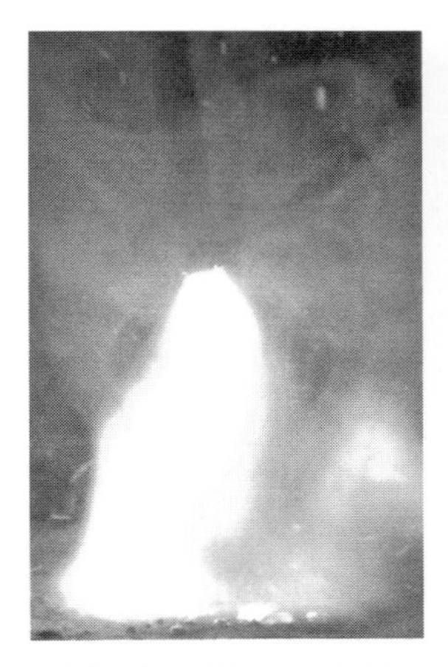

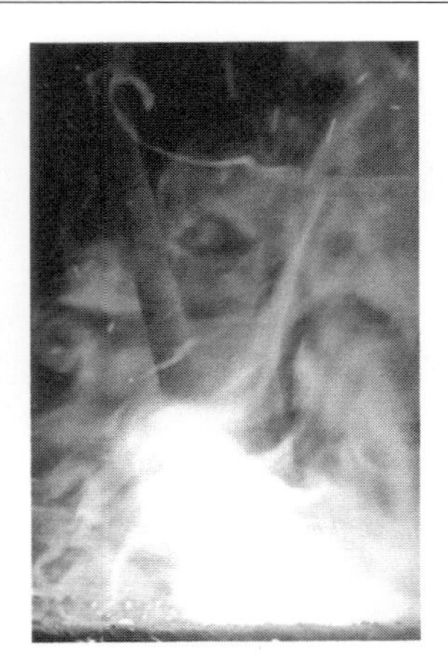

(a)　DC（棒＋）の場合　　(b)　軽量形 AC の場合

アーク溶接のアークの安定性の高いことが明確にわかります。

さらに、アークの点弧性に関しても、交流では数回のアーク発生操作が必要であるのに対し、直流では1回の操作でほとんどミスのないアーク発生作業が可能になります。

❷溶接装置の設定

TIG溶接機を使用する直流被覆アーク溶接は、定電流特性の交直両用TIG溶接機と電気ケーブルの組合せで溶接が可能です（交流被覆アーク溶接装置とまったく同様の装置構成です）。

この装置の設定は、以下の手順で行います。

①装置の構成状態を確認し、各接続部での「ゆるみ」や「破損」のないこと、ケーブルや溶接棒ホルダーに破れや損傷のないことをチェックします。

②溶接機の「溶接法切替スイッチ」を「直流被覆アーク」に設定します（ホルダーケーブル、母材接続ケーブルの±は、いずれでもかまいません）。

③電撃防止装置の動作確認は、直流では不要です。

要点　ノート

従来、こうした直流被覆アーク溶接はエンジン駆動形溶接機による方法に限られ、適用は限定的でした。ただ、その利用が増加しているTIG溶接機の持つ直流被覆アーク溶接機能を利用する溶接も利用でき、うまく利用するとその適用作業の広がることが期待できます。

TIG溶接

❶溶接の概要

TIG溶接では、電極材料が母材に移行することなく、不活性ガス中の穏やかなアークで溶接されることで、①アークは母材のみを溶かすことができ、必要な溶け込みが得られやすい、②多くの金属材料の高品質な溶接が可能といった特徴があります。

❷溶接装置の設定

TIG溶接装置は、**図2-16**に示すように溶接機、シールドガス送給などの制御を行う制御装置、溶接トーチ、シールドガスおよびシールドガスを送るホース類で構成されます（水冷トーチ使用の場合は、別に冷却水回路が必要です）。なお、今日のTIG溶接機は制御装置が溶接機に組み込まれた一体型で、デジタル方式のものが主流になっています（デジタルTIG溶接機の特徴は、①各種機能の切替えがスイッチではなくタッチパネル方式、②電流などの設定、表示がデジタル値、③電流の制御などが迅速で高精度、④溶接条件の記憶機能を有しているなどであり、基本的機能は従来機と同じです）。

❸溶接機能の設定

TIG溶接機には、目的に見合った溶接が行えるよういろいろの機能が用意されていますが、基本機能の設定は次のようになります。

図2-16 TIG溶接装置の構成

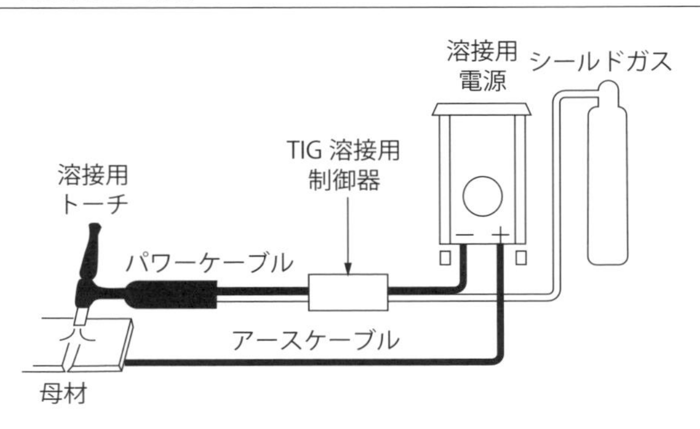

①**溶接法の設定**：**図2-17**のように溶接法を「TIG」に設定、同様にアルミニウム合金材、マグネシウム合金材の溶接では「交流」、この2つの材料以外の材料の溶接は「直流」に設定します。

②**トーチの冷却方式の設定**：使用するトーチが水冷のものであれば「水冷」に、空冷のものであれば「空冷」に設定します（安全性やトーチ損傷の面からは基本的に水冷のものが推奨されますが、作業性の面から200A以下の溶接では空冷のものが使用されます）。

③**その他の機能**：その他のいろいろの機能については、とりあえずは「なし」に設定します（TIG溶接作業に慣れ、それぞれの機能が必要となった時点で適正に設定します）。

❸TIG溶接トーチの設定

TIG溶接に接続されている溶接トーチは、**図2-18**の状態で構成されています（図のトーチキャップを締めることでコレットの頭部を押さえ、コレットボディ先端部で電極とともに接触させ通電します）。いずれの部品も、使用するタングステン電極の径に対応するものであること、損傷や極端な汚れのないことを確認して設定します。

図2-17 溶接法の設定

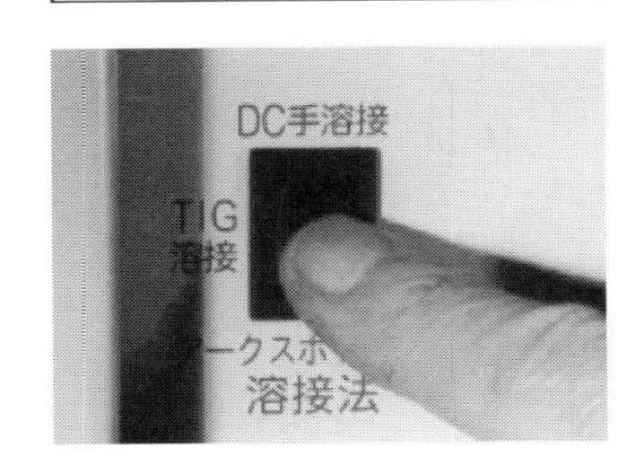

図2-18 TIG溶接トーチの構成

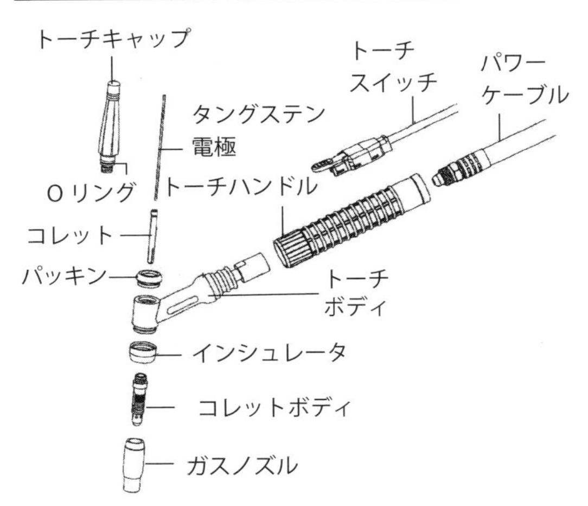

要点 ノート

TIG溶接は、融点の高いタングステン電極と母材との間にアークを発生させ、このアークで溶かした金属をアルゴンなどの不活性ガスで保護しながら溶接します。

MAG溶接

❶溶接の概要

図2-19のように、電極が針金状のワイヤであることから、アーク発生点に近い溶接トーチ先端部のコンタクトチップで通電され、細い径の金属ワイヤに大きな電流が流せるようになり、ワイヤの溶ける量が多く（溶着金属量も多い）高能率の溶接が可能になります。

さらに、この溶接では、シールドガスとして炭酸ガスを使用していることで、このガスのMAG溶接中の分解、再結合の反応熱でアーク温度が高く（ホットアークと呼びます）、溶け込みの大きい溶接となります（いずれの場合も、活性な炭酸ガスを使用することから炭素鋼材料の溶接に限定されます）。

なお、この方法での溶けた金属の保護は、溶接トーチ先端のガスノズルから送り出される炭酸ガスによって行われます。したがって、この溶接法の構成は、図2-19のような定電圧特性の直流溶接機とこれに接続されたワイヤ送給を行うワイヤ送給装置、溶接トーチ、シールドガス回路によって構成されます。

❷溶接装置の設定

溶接装置の設定は、以下の手順で行います。

①図2-19の構成の装置状態を確認し、各接続部での「ゆるみ」や「破損」のないことをチェックします。

図 2-19 MAG 溶接装置の構成

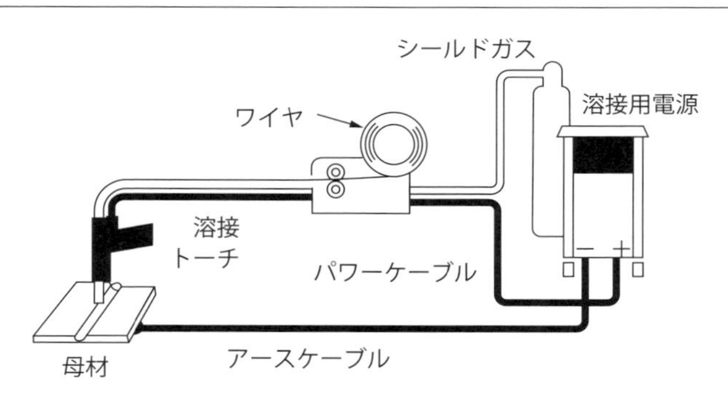

図 2-20 ワイヤ送給装置

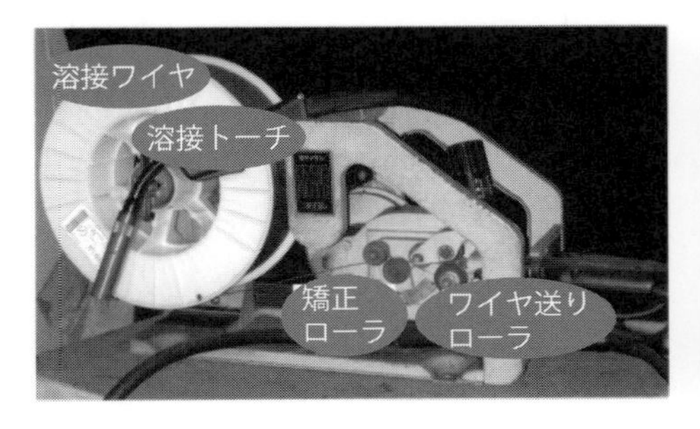

図 2-21 使用ガスの設定

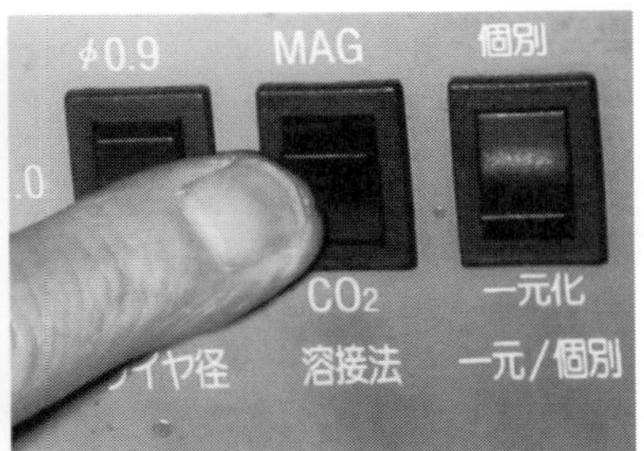

②使用するワイヤの種類、径を確認し、**図2-20**に示すワイヤ送給装置の送りローラがワイヤ径に合ったものか、装置の所定位置にワイヤ端が下側となるようセットされているか、巻きぐせ解消のための矯正ローラ間にワイヤが正しくセットされているか、などを確認します。

③**図2-21**のように、「溶接法」切替スイッチを、使用するガスに合わせて設定します。

④同じように使用するワイヤの種類、径を設定します。

⑤「クレータ処理」切替スイッチを、「なし」に設定します（溶接に慣れ、機能の特性が十分に理解できるようなった時点で「あり」の溶接も利用してみてください）。

⑥「ガス供給方式」切替スイッチを「点検（ガスチェック）」に設定し、シールドガス流量を毎分15ℓ程度に設定します（設定後は、切替スイッチを「溶接」に戻します）。

❸溶接トーチの設定

溶接トーチでは、先端のガスノズルを外し、それぞれの先端部にスパッタの付着や変形のないことを確認（特に、コンタクトチップの孔の径、先端の変形に注意）、清掃してトーチに再セットします。

要点 ノート

MAG溶接は、母材に近い成分の材料を直径0.9～1.6mmの針金状のワイヤにして電極として使用します。なお、溶けた金属の保護には、炭酸ガスもしくはMAG混合ガス（アルゴンに25%以下の炭酸ガスを混合）を使用します。

MIG溶接

❶溶接の概要

MAG溶接のシールドガスをアルゴンに変えると、アークは電子の発生しやすい酸素を求めてワイヤ先端部から上方に昇り、アーク発生点が分散されることで反力を受けず、ワイヤ溶融金属は一定の大きさまで成長、**図2-22**（a）のようにやや大きい粒で不規則に移行します（「ドロップ移行」と呼びますが、この移行は不規則で作業がやりにくく、実用には供しません）。

ただ、電流を大きく設定すると、電流密度が大きくなることによる電磁ピンチ効果で**図2-23**のようにアークが細く絞られ、これによって発生するジェット気流でワイヤ溶融金属が小さい粒子に切り離され、高速に加速されて母材プールに移行していきます（図2-22（b）のスプレー移行です）。こうして加速された金属粒子がプールに飛び込む力で、図2-22（b）のようにプールの中心に深い溶け込み（フィンガー溶け込み）が形成され、目的の溶け込みの溶接が可能となります。

なお、こうしたスプレー移行になる遷移電流条件は、ワイヤの材質と径でおおむね**図2-24**のように変化します（実作業では、アークを発生させた状態で電流を徐々に大きくし、アーク状態やワイヤ溶融金属の移行状態が明瞭に変化することで判断します）。

❷パルスMIG溶接

MIG溶接で溶接作業が安定して行えるスプレー電流条件では、溶け込みが大きく薄板の溶接では溶け落ち、立向きや全姿勢の溶接では溶融金属の垂れを発生し、良好な作業状態が得られません。そこで、パルス制御機能を利用し、

図2-22　MIG溶接でのワイヤ溶融金属の移行

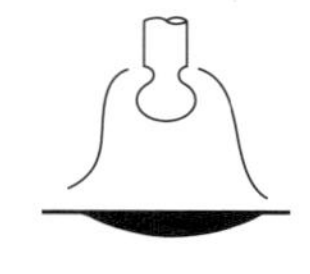

（a）ドロップ移行

（b）スプレー移行

ワイヤ溶融金属の移行に必要な高電流と小電流を60～150Hzで変化させ、目的の溶接に見合う入熱となる小電流となるよう、**図2-25**のようにその比率を変化させます。なお、パルスMIG溶接条件の設定は、まずパルス切替スイッチを「パルスあり」に設定、条件はワイヤの材質と径、目的の溶接が可能な溶接電流を設定すれば、溶接機で最適なパルス電流・ベース電流、パルス周波数が設定されます。MIG溶接装置は、上述のパルスの機能が溶接機に付加されているだけで基本的な構成はMAG溶接と同じで、その設定もMAG溶接と同じです。

図 2-23 スプレー移行状態

図 2-24 各種材料の遷移電流条件

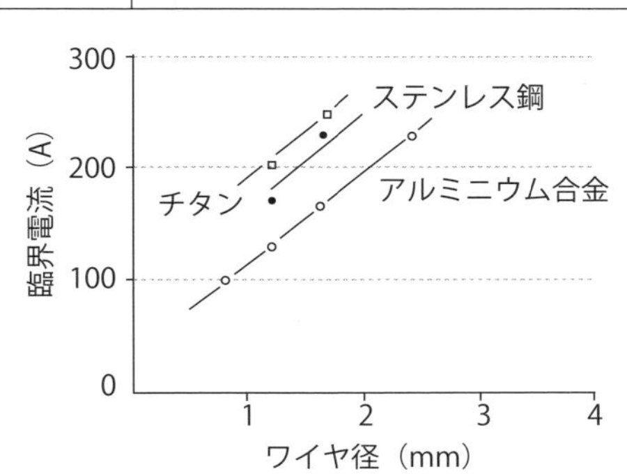

図 2-25 パルスMIG溶接での電流調整

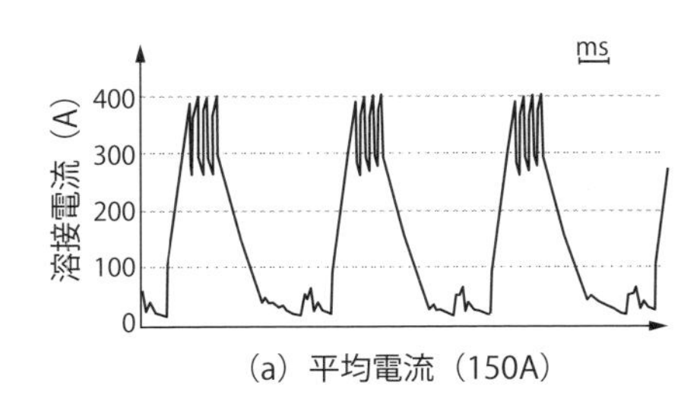

(a) 平均電流（150A）

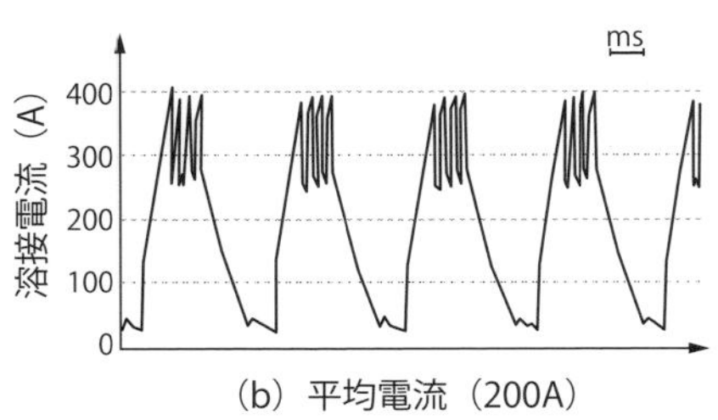

(b) 平均電流（200A）

要点 ノート

ステンレス鋼やアルミニウム合金材、マグネシウム合金材などの材料の高能率の溶接に利用されるMIG溶接は、MAG溶接のシールドガスを炭酸ガスからアルゴンに変えた溶接法で、基本的な装置の構成や取り扱いはMAG溶接と同じです。

溶接材料の選定
ろう接作業

ろう接（ろう付け）作業に用いられるろう材は、**表2-6**に示すように450℃以下で溶融するハンダなどの「軟ろう材」と、450℃以上で溶融する銀ろうや黄銅ろうなどの「硬ろう材」に分類されます（一般に、接合強度が必要とされる製品には硬ろうが使用されます）。

❶軟ろう材の選定

軟ろう材で一般的なものが、電気配線用の銅線を接合するスズ・鉛合金のハンダです（自動車外板の補修肉盛り用などにも使用されていました）。通常、ハンダ付け用フラックスには松ヤニが使用されてきましたが、最近は専用の液状フラックスの開発で異種材接合などにも利用されるようになっています。さらに、半導体の配線（ボンディング）には金を加えたハンダ、アルミニウム合金やアルミニウム合金と異種材の接合にはアルミニウムハンダなどを利用します。

❷硬ろう材の選定

硬ろう材の選定に関しては、①一般的な鋼や合金鋼、銅合金などの接合には「銀ろう（カドミウムの弊害が許容される場合は作業性の良いBag1相当品を、カドミウムを嫌う食品機械などの場合ではカドミウム含有量0のBag7相当品などを選択します）」、②銅、銅合金および各種炭素鋼、鋳鉄などを安価に接合したい場合は「黄銅ろう」（銅配管作業などには、フラックスなしでろう付け可能な「リン銅ろう」が多く使われます）、③接合部に高温性能が必要とされ

表2-6　各種ろう材と用途

ろう材	溶融温度	用途
軟ろう	180～300℃	一般家庭で行われる銅線の接合のほか、工業的には各種電気部品、製缶、食品機器などの接合に使用
銀ろう	620～900℃	アルミニウム、マグネシウムを除く各種金属の同材、異材の接合（溶融温度や使用目的によりBAg1～8のものを適切に選択する必要）
黄銅ろう	820～982℃	鉄鋼、銅、銅合金、ステンレス鋼の接合に使用（ニッケルを含むBCuZn-6、7はニッケルや鋳鉄の接合に使用）
その他	－	アルミニウム合金用としてアルミニウムろう、マグネシウム合金用としてマグネシウムろう、また高温使用の製品に使用されるニッケルろう（1000～2000℃）などがある

るステンレス鋼や耐熱鋼、ニッケル合金などの接合には「ニッケルろう」、④アルミニウム合金やマグネシウム合金には、それぞれ「アルミニウムろう」、「マグネシウムろう」を使用します。

なお、TIGやMIGを利用して行う鋼、銅材料の高能率アークろう付けでは、フラックスなしでろう付けが可能な「エバジュウルろう材（銅にシリコン、マンガンを加えた銅合金)」を使用します。

❸フラックスの選定

ろう付け作業では、ろう材に適したフラックスが必要で、このフラックスはろう材より50℃程度低い温度で溶融し液体状態になるよう作られています（したがって、フラックスは、ろう付け面の清浄とともに、ろう材の添加するタイミングを示す重要な働きも持っており、使用するろう材の溶融温度に見合ったものをろう材とセットで購入すると良いでしょう)。**図2-26**は、こうした機能を持つフラックスをより効果的に活用するための検証を行った結果で、ややネバイ状態のフラックスを使い、加熱で溶けて活性になった液体状態のフラックス層を厚くすることで接合部の温度上昇を抑え、適正ろう付け温度状態を長く保たせ良好なろう結果を得やすくできるのです。

図2-26 フラックスの温度維持作用

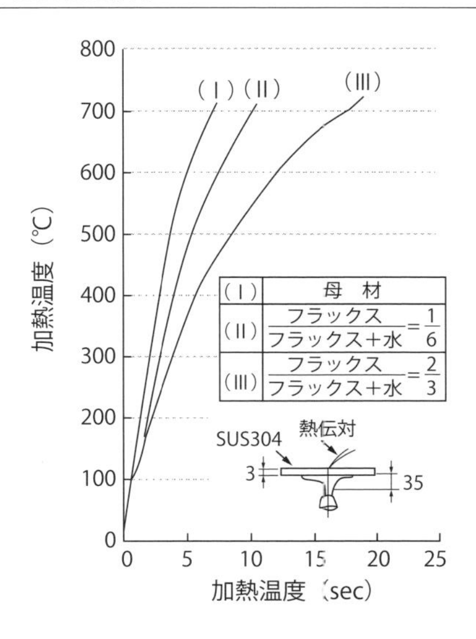

要点 ノート

ろう接作業に用いるろう材は、接合する材料の組合せで決まり、作業に不可欠なフラックスとともに最適な組合せのものを選択する必要があります。

溶接材料の選定
被覆アーク溶接作業

❶各種材料の溶接における溶接棒の選定

基本的に、消耗式電極アーク溶接法では、溶接棒の材質は母材の成分にほぼ近いものを選びます。たとえば、母材が軟鋼であれば軟鋼用棒、ステンレス鋼の場合はステンレス鋼用棒、銅の場合は銅用棒を選びます（**表2-7**が、JISに示されている各種材料に対する被覆アーク溶接棒で、溶接する母材材質に合わせ表の規格に相当する溶接棒を選びます)。

❷被覆アーク溶接棒の被覆剤

被覆アーク溶接棒に塗布されている被覆剤には、ガスやスラグを生成して溶融金属を保護する作用の他、①アークの発生を容易にする、②ビードの形状を整え、全姿勢の溶接を可能にする、③健全な溶接金属を得るなどの作用があります。**表2-8**が、JIS Z3211に規定されている軟鋼用被覆アーク溶接棒の代表的な被覆剤の種類で、表のようにそれぞれの被覆剤により得られる溶接部の特

表 2-7　各種材料の溶接に使用する溶接棒

JIS規格	棒種		用途
Z3210	DH 4301	ほか2種	薄鋼板のアーク溶接用
Z3211	D 4301	ほか8種	軟鋼材のアーク溶接用
Z3212	D 5001	ほか9種	50～58kg/mm^{2}の高張力鋼のアーク溶接用
Z3213	D 6216	ほか11種	60～80kg/mm^{2}の低合金高張力綱のアーク溶接用
Z3221	D 308	ほか13種	各種ステンレス鋼のアーク溶接用
Z3223	DT 2313	ほか9種	モリブデン鋼、クロムモリブデン鋼のアーク溶接用
Z3224	D Ni-1	ほか9種	モネル、インコネルなど N>50%の溶着金属を得るためのアーク溶接用
Z3241	DL-5016-A-1	ほか26種	アルミキルド鋼、2.5～3.5%ニッケル鋼など 低温用鋼のアーク溶接用
Z3231	D Cu	ほか6種	銅および銅合金のアーク溶接用
Z3251	DF 2 A	ほか13種	各種硬化肉盛のアーク溶接用
Z3252	DFC Ni	ほか4種	鋳鉄のアーク溶接用

性が異なっており、目的に合った被覆剤の棒を使用します。

なお、高張力鋼やクロムモリブデン鋼の溶接棒には低水素系、ステンレス鋼溶接棒にはライムチタニア系といったように母材の溶接特性から被覆剤の種類が限定され、むしろ溶接棒は母材の成分で使い分けする必要があるものもあります。

❸作業に合わせた被覆アーク溶接棒の選定

表2-8に示した各種被覆アーク溶接棒の溶接では、被覆剤の種類で溶接中に形成されるスラグの性質が変わり、溶接姿勢などの作業状態に合わせ適正なスラグ特性の溶接棒を選定することが有効となります。例えば、凝固温度近くのスラグの流動性の違いを低水素系とイルミナイト系で比較してみると、低水素系のものはイルミナイト系のものに比べアーク通過後のスラグの流動性の少ないことがわかります。これにより、流動性の低下したスラグが溶融金属の動きを抑え、立向きや上向き姿勢溶接での溶融金属の垂れの発生を抑えることで容易に作業ができるようになります。

一方で、低水素系溶接棒はアークの発生がむずかしいという難点があり、棒先端に発火剤を塗布したり先端部に穴加工を行ったりして改善しています。このように、同じ種類の溶接棒の選択でも、作業目的に合った特性の溶接棒を厳しい目で選ぶことが必要です。

表2-8　JIS Z3211規定の代表的溶接棒の種類と特徴

溶接棒	特　徴
イルミナイト系（E4319：旧D4301）	溶接性、作業性ともに良く、溶接金属の機械的性質も良い
ライムチタニア系（E4303：旧D4303）	溶接金属の機械的性質が低水素系についで良く、作業性も良い
高酸化チタン系（E4313：旧D4313）	アークの安定性が良く、溶け込みも浅いことから薄板溶接に適し、ビード外観も良い
低水素系（E4316：旧D4316）	アークはやや不安定だが、溶接金属の機械的性質が良く、割れやすい材料や重要部材の溶接に適している

要点 ノート

被覆アーク溶接のように電極となる溶接棒が溶けて母材に移行し、溶接部で母材の一部を形成する消耗式電極アーク溶接法では、溶接棒の適切な選択は、良好な作業結果を得るためきわめて重要となります。

溶接材料の選定
直流TIG溶接作業

❶シールドガスの設定

直流TIG溶接のシールドガスは、基本的にはアルゴン（Ar）を使用します。ただ、設定した電流に対し大きい溶け込みを得たい場合には、ヘリウム（He）もしくはアルゴンとヘリウムの混合ガスを使います（**図2-27**がその効果を、混合比と溶け込みの関係で示したものです）。なお、ステンレス鋼の溶接では、同様の目的にアルゴンに数%の水素を混合したガスの使用も有効です。

❷タングステン電極

電極となるタングステンの材質や径、先端の形状によってアークの発生状態が変化し、溶け込みなどの溶接品質に影響を与えます。したがって、その選択に当たっては、それぞれの関係を十分に考慮し、目的の溶接に見合うものを選定する必要があるのです。

①**電極材質の選定**：直流TIG溶接では、酸化トリウムや酸化セリウムといった酸化物を1～2%含む酸化物入りタングステンが使用されます（通常の作業では、添加されている酸化物による作業性の差はあまりないと考えられます）。ただ、断続してアークを再点弧させる溶接を行うような場合には、酸化ランタン入りタングステンが推奨されます。なお、使用する電流条件で電極の径を変えることも必要で、150A程度までは1.6ϕ、200A程度までは2.4ϕ、200A以上では3.2ϕが目安となります。

図2-27　ヘリウムによる溶け込み改善効果例

トーチシールドガス				
100%He	90%He+10%Ar	80%He+20%Ar	50%He+50%Ar	100%Ar
				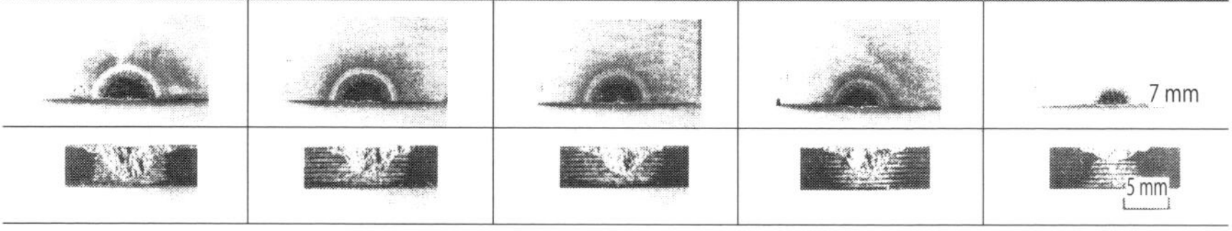 7mm
				5mm

100A（アーク時間：10sec）

②**電極先端角とアークの発生状態および溶け込み形成**：**図2-28**は、タングステン電極の先端角とアークの発生状態の関係を示したものです。先端角45°以下に鋭敏に研摩された電極では、図2-28（a）のように一定電流以上になるとアークの発生位置が高く昇り、広がりの大きい集中性に欠けるアークとなります（低い電流条件の場合は、アークの発生は電極先端部に集中します）。これにより、溶け込みの浅い幅方向に広がった溶け込み形成になってしまいます。これに対し、先端角を90°といった鈍角にすると、図2-28（b）のようにアークの昇る現象が抑えられ、広がりに対し深さの深い効率の良い溶け込みに改善されます。

③**電極先端カットとアークの発生状態および溶け込み形成**：先端角を鈍角に加工した電極では、効率の良い溶け込み形成が得られるもののプールの形成状態の確認がむずかしくなります。そこで、鋭角の電極先端をアークの昇る位置までカットすれば、先端角を鈍角にするのと同じ効果が得られ問題が解消されます。**図2-29**が先端をカットすることの効果を調べた結果で、先端角30°の電極で使用電流が125～160Aでは0.5mm、160～200Aでは1.0mm、200A以上では1.5mm程度の先端のカットを行うことで溶融幅に対し、溶け込みの深い溶接が可能となることがわかります。

図2-28 電極先端角とアーク発生状態

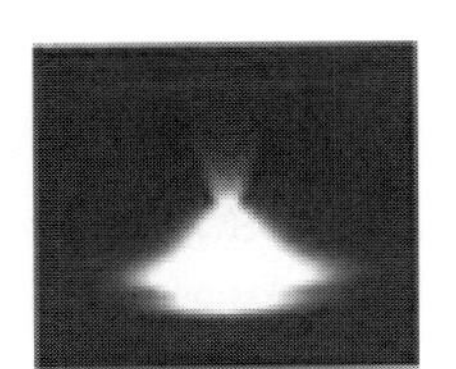

（a）先端角45°の場合

（b）先端角90°の場合

図2-29 電極先端カットの効果

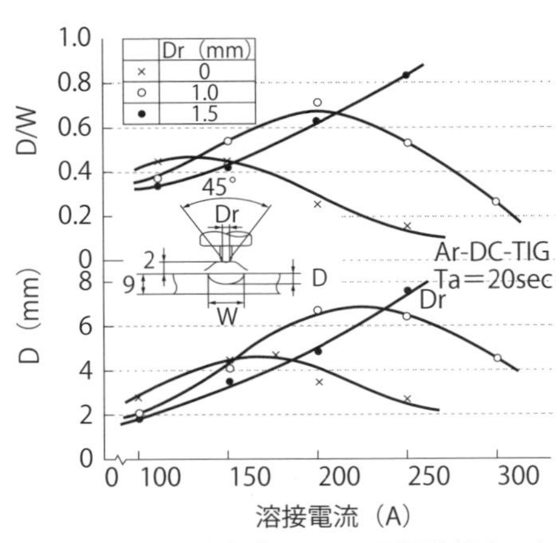

Ta：アーク発生時間　Dr：電極先端カット

要点 ノート

炭素鋼やステンレス鋼などのTIG溶接に使用する直流TIG溶接の溶接材料には、溶接棒やシールドガス、電極となるタングステンがあります。溶接棒は、母材材質で決まることから、ここではシールドガスとタングステン電極について示します。

溶接材料の選定
交流TIG溶接での電極の溶融

前項の直流TIG溶接の場合と同様、交流TIG溶接の場合も、シールドガスやタングステン電極の材質や径、先端の形状によって溶接品質は影響を受けます。

❶シールドガスの設定

交流TIG溶接では、直流の場合と同様で、基本的にはアルゴンを使用しますが、大きい溶け込みを得たい場合にはヘリウムもしくはアルゴンとヘリウムの混合ガスを使用します。

❷タングステン電極の設定

交流TIG溶接では、**図2-30**のように電極側が－となる半波（EN）と電極側が＋となる半波（EP）が一定周期で変化します。電極側が＋となる半波では、＋側の電極に酸化膜の酸素の電子が引き出され、酸素とアルミニウムの結合が失われることで酸化膜が破壊されます（クリーニング作用と呼びます）。一方で、軽い電子が＋の電極に飛び込むことで、電極先端が加熱され溶融します。

この場合、溶接機のクリーニング幅調整ダイアルを変えると、図2-30のようにそれぞれの半波の比率（EN比率）が変わり、溶接中のクリーニング状態や電極の溶融変形量が変わるのです。すなわち、ほとんど直流（EN比率100％）に近いEN比率が90％のように大きい場合は、クリーニング幅が狭くなるものの電極の溶融変形量は少なく、溶け込みは大きくなります（逆に、EN比率を50％程度に設定すると、まったく逆の現象となります）。

図2-30　交流TIG溶接の電流波形

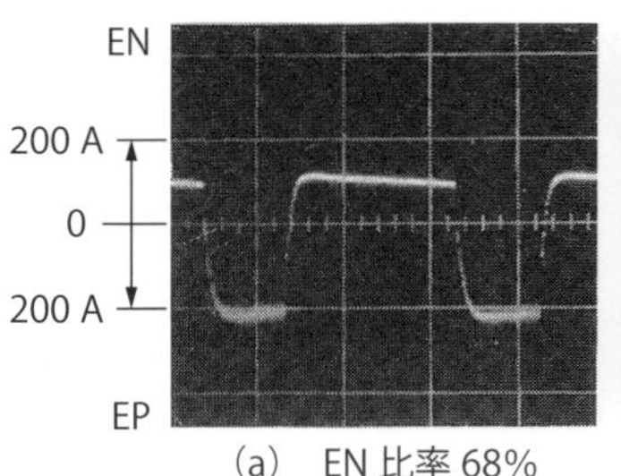

(a)　EN比率68%

(b)　EN比率57%

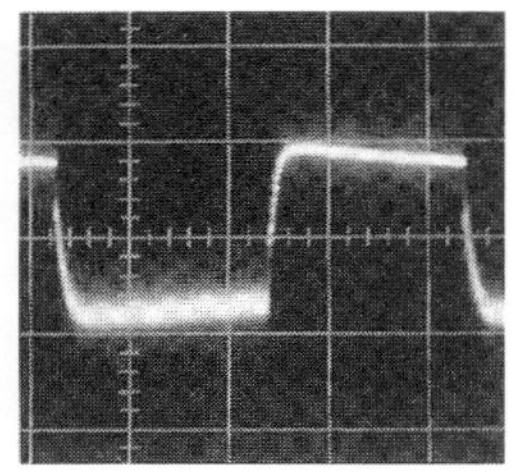

(c)　EN比率49%

また、交流TIG溶接では、クリーニング幅調整ダイアルを変えることでEN比率を変えると、電極先端部の溶融状態が変化します。たとえば、**図2-31**のように、同じ径および先端形状の純タングステン電極で、同じ電流とアーク時間で溶接しても、図のようにクリーニング幅を広く設定する（EN比率を小さくする）に従い電極先端部の溶融が大きくなっています。これにともない、電極先端部で発生するアークは、溶融している面に沿って分散、広がったアーク状態となります。

さらに、交流TIG溶接では、同じEN比率条件であっても、電流条件や溶接時間が変わることでも電極先端部の溶融が変化します。**図2-32**は、2%酸化セリウム入り電極を用い、同じ条件でアークの発生時間を順次長くしていった場合の電極先端部の溶融の違いを示したものです。時間の経過とともに、先端部の溶融が進み、溶融部やアークの発生状態が広がることがわかります（設定電流を大きくすることでも、同様の変化傾向となります）。

図2-31　EN比率と電極先端の溶融

(a)　EN比率68%

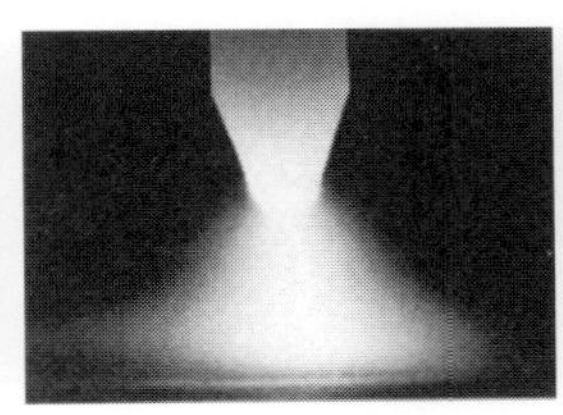

(b)　EN比率57%

(c)　EN比率49%

図2-32　アークの発生時間と電極先端の溶融の変化

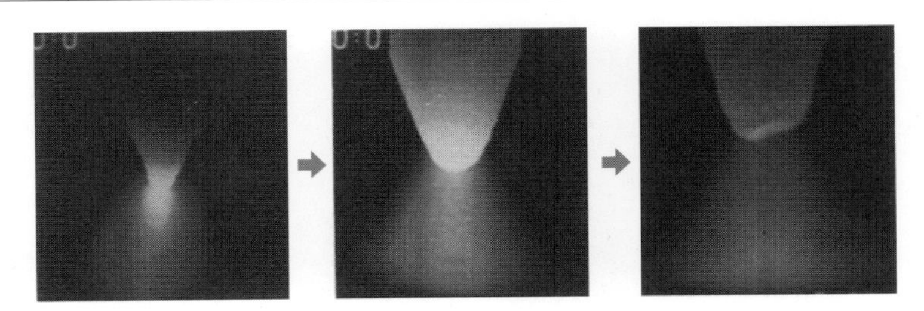

要点 ノート

交流TIGで溶接する必要のあるアルミニウムやマグネシウムの溶接では、電極側が＋となる半波でタングステン電極先端が溶融し、変形するため目的の溶接に見合う電極を使用する必要があります。

溶接材料の選定
交流TIG溶接作業

❶各種電極による先端溶融の違い

図2-33は、一定条件の交流TIG溶接でアークを発生させた後の先端形状の変化状態を、各種タングステン電極について比較して示したものです。いずれの電極においても、EN比率の低下（電極＋時間が多くなる）にともない、先端溶融が多くなっています（ただ、各電極で変形の程度や変形状態に明らかな差が認められます）。そこで、細かな点は無視し、代表的な電極材料と変形との関連について見てみると、①純タングステン（図中のPure-W）では先端がきれいな球面になっており、この場合のアークは左右対称で均一な形状で安定なものとなります、②酸化トリウム（ThO_2）入りタングステンでは、溶融が進むにつれ小球に分離し、その小球が偏って集まり、偏ったアーク状態となることがあります、③酸化セリウム（CeO_2）入りタングステンでは、小球に分離するものの小球は中心部に集まりやすく、アークも比較的左右対称に近い形状となっています。こうしたことから、交流のTIG溶接ではアークの形状からは純タングステンがもっとも好ましいものの、アークの集中性などを考慮すると酸化セリウム入りタングステンの使用が有効となります。

図 2-33　EN 比率と電極先端の溶融

EN 比率	電極材質									
	Pure-W	ZrO_2 (0.2%)-W	ZrO_2 (0.8%)-W	ThO_2 (2%)-W	CeO_2 (1%)-W	CeO_2 (2%)-W	Y_2O_3 (1%)-W	Y_2O_3 (2%)-W	La_2O_3 (1%)-W	La_2O_3 (2%)-W
95%		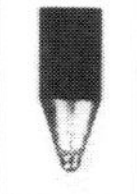								
73%										
64%										

❷各種電極と実用継手の溶接

交流のTIG溶接で発生する電極先端の溶融変形は電極材質によっても変わり、使用電流やEN比率の条件によって目的の溶接が達成されないことがあります。**図2-34**がその一例で、板厚3mmアルミニウム合金板下向きすみ肉溶接の場合のものです。

（a）の純タングステン（Pure-W）の場合では、電極先端部は安定した球面になっているものの、そのアークは広がって集中性を欠き、ルート部を融合仕切れない結果となっています。また、（b）の酸化トリウム（ThO_2）入り電極ではアークの偏り、（c）の酸化イットリウム（Y_2O_3）入り電極ではアークの昇りすぎでルート部が融合仕切れていません。これらに対し、（d）の酸化セリウム（CeO_2）入りタングステンでは、アークが中心部に集まり写真のようなルート部溶融が得られ、交流TIGの溶接に有効であることがわかります。

図2-34　下向きすみ肉に対する電極材料の影響

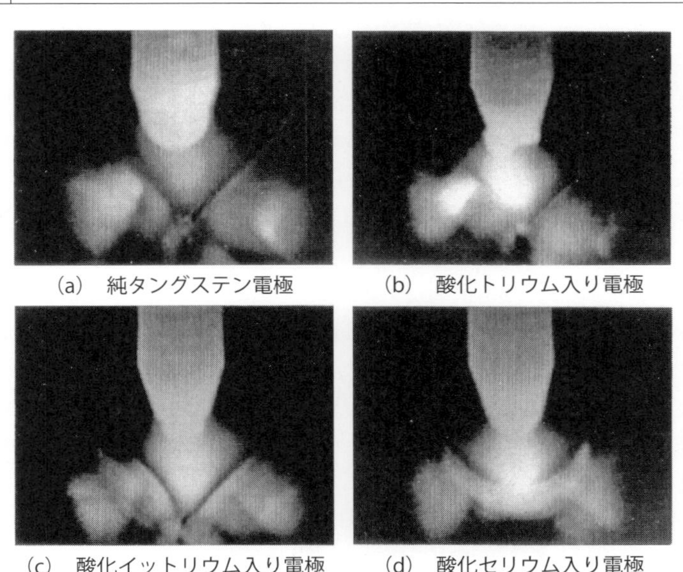

（a）　純タングステン電極　（b）　酸化トリウム入り電極　（c）　酸化イットリウム入り電極　（d）　酸化セリウム入り電極

要点 ノート

交流TIGで溶接する必要のあるアルミニウムやマグネシウムの溶接では、電極側が＋となる半波でタングステン電極先端の溶融が電極材質で変形するため、目的の溶接に見合う電極を使用する必要があります。

溶接材料の選定
MAG溶接作業

❶炭酸ガスMAG溶接の場合

①**厚板など多量の肉（溶着金属）を付けたい溶接**：大電流用ワイヤ（JIS・YGW11相当品）を使用し400A、28Vといった大電流、高電圧で溶接します。この場合、**図2-35**のように溶融金属先端部に集中して発生するアークの反力により、溶融金属は大きな塊で移行します（グロビュール移行あるいは塊状移行と呼びます）。なお、この溶接では図のように溶接部から多量の金属粒子が飛び出し、スパッタの多い溶接となります。

②**薄板溶接や溶融金属の垂れの発生しやすい立向きや上向き溶接など**：小電流用ワイヤ（JIS・YGW12相当品）を使用し、120A、19Vといった小電流、低電圧（短いアーク長さ）の条件で溶接します。この場合、短いアーク長さに設定していることから、溶融金属は大きな塊で移行する前に母材の溶融金属と接触（短絡）、強制的に移行させられます。したがって、この溶接では、電圧条件の設定で、**図2-36**のようにアーク発生時の加熱と短絡（アーク消滅）による冷却を適度に繰り返させ、入熱を調整することで目的の溶接を可能とします（短絡移行溶接あるいはショートアーク溶接と呼びます）。

③**フラック入りワイヤを用いる溶接**：最近、この溶接では、さらに溶着金属の多い効率の良い溶接やスパッタ発生が少なくアークがソフトで、スラグの生成によるビード外観の良い溶接を望む場合、ワイヤの中心部に被覆アーク溶接棒の外側に塗布してある被覆剤（スラグ系複合ワイヤ）や粉状金属（メタル系複合ワイヤ）を充填したワイヤを使う方法が利用されます。このワイヤを使用する溶接では、全電流条件で小さな金属粒子での移行となり、上述のような特徴の溶接となります。なお、全姿勢溶接などにも対応できるフラック入りワイヤも市販されており、目的に合ったワイヤを選択することでいろいろの高能率溶接作業に利用できます。

❷MAG混合ガス溶接

MAG混合ガス用ワイヤ（大電流の場合はJIS・YGW15、小電流の場合はJIS・YGW16相当品）を使用しアルゴンに25%以下の炭酸ガスを加えたMAG混合ガスを使用する溶接では、ワイヤ溶融金属の移行現象は後の項に示す

MIG溶接と同じとなります。したがって、**図2-37、2-38**のように炭酸ガスアーク溶接の場合に比べスパッタが少なくビード外観の良い溶接となります。なお、炭酸ガスアーク溶接の使用条件でシールドガスのみをMAG混合ガスに変えるだけの溶接が行われていますが、これは入熱不足になりやすくMIGの溶接を十分に理解して使うことが必要となります。

図2-35 大電流溶接のアーク発生状態

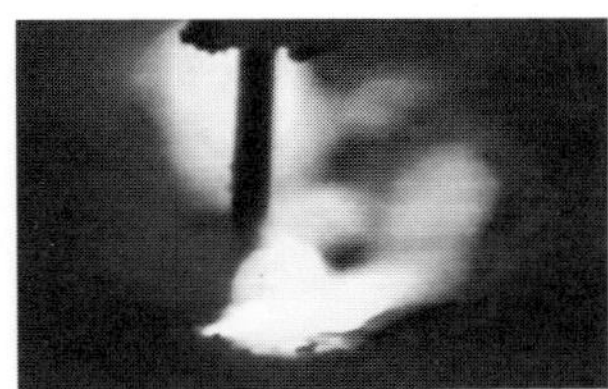

図2-36 小電流溶接の溶接状態

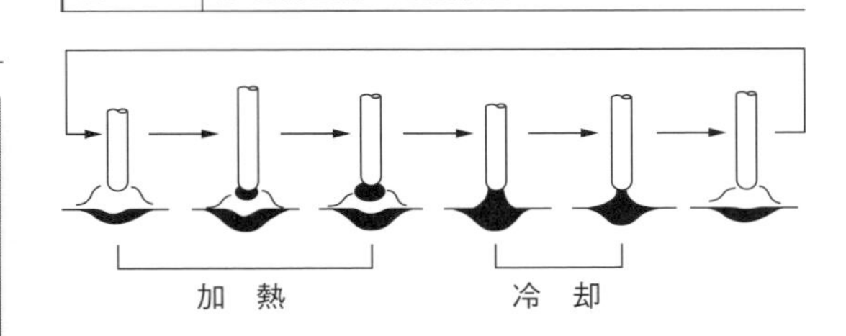

図2-37 炭酸ガスアーク溶接とMAG溶接の違い（表ビード）

	炭酸ガスアーク溶接	MAG溶接
表ビード		

図2-38 炭酸ガスアーク溶接とMAG溶接の違い（裏ビード）

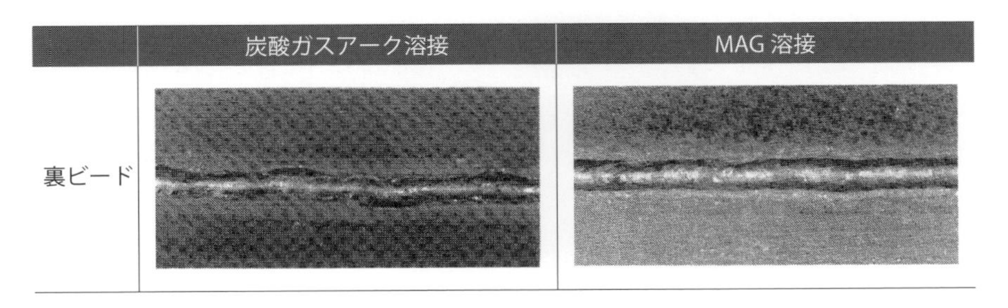

要点 ノート

この溶接法では、使用するシールドガスや溶接ワイヤ、溶接条件でワイヤ先端に形成される溶融金属が母材溶融池に移行していく形態（移行現象）が変わり、溶接の対象や作業性が変化します。

合金鋼、ステンレス鋼材料の溶接と溶接材の選定

炭素鋼において、材料を強くするため、炭素の量を多くしたのでは伸びが減少し脆くなってしまいます。そこで、炭素に代えNiやCr、Moなどを加えることで強くて伸び、じん性のある鋼にしたのが合金鋼です。

合金元素の量を多くし、錆びない耐食鋼（ステンレス鋼）や高温での特性の優れる耐熱鋼など、特殊な使用環境で優れた性質を示す特殊用途合金鋼が作られました。さらに、こうした合金元素を加えることで得られる特殊な性質を、刃物などに使う工具鋼に持たせたのが工具用合金鋼です（**表2-9**が、合金鋼材を用途により分類したものです）。

❶構造用合金鋼材料の溶接とその溶接材

構造用合金鋼は、表2-9のように炭素鋼にNiを加えたニッケル鋼（SN）、Crを加えたクロム鋼（SCr）、CrとMoを加えたクロムモリブデン鋼（SCM）などがあります（各材料で、炭素や合金元素の量を変え、性質を調整しています）。

これらの合金鋼を溶接すると、炭素含有量や合金元素の種類、量で脆くなる度合いが変わります。したがって、構造用合金鋼の溶接においては、材料の強度に合った溶接棒やワイヤを選択することはもちろんですが、それぞれの材料の炭素当量（合金元素1つひとつの焼き入れ性が炭素のどれだけに相当するかを換算し合計した値で、C+Mn/6+Si/24+Ni/40+Cr/5+Mo/4といった換算式が目安として利用されます）により、予熱や後熱の条件を検討します。

❷ステンレス鋼材料の溶接とその溶接材

図2-39は、合金鋼材料として広く使用されているステンレス鋼を成分で分

表2-9　各種合金鋼

材料	成分	実用材料
構造用合金鋼	炭素鋼にNi、Cr、Moなどを添加	ニッケル鋼（SN）、クロム鋼（SCr） ニッケルクロム鋼（SNC）など
特殊用途合金鋼	炭素鋼にCrあるいはNi、Moなどを添加	耐食鋼（SUS）、耐熱鋼（SUH） バネ鋼（SUP）など
工具用合金鋼	工具鋼にNi、Cr、Moなどを添加	切削工具用（SKS）、金型用（SKD） 高速度工具用（SKH）など

類したものです。耐食鋼として不可欠な12%以上のクロムのみが添加されたクロム系ステンレス鋼とクロムにニッケルの加えられたニッケルクロム系ステンレス鋼に大別されます。

①**クロム系の中のマルテンサイト系ステンレス鋼**：焼入れ処理で硬く強いマルテンサイト組織に変化するもので、この材料は耐食性が求められる高強度構造用材に利用されます（この材料でどうしても溶接が必要な場合は、SUS410の溶接材を使用し300℃前後の予熱700℃前後の後熱を行うなど十分な注意が必要となります）。

②**フェライト系ステンレス鋼**：同じクロム系でも炭素量を0.01%程度に抑え、Niが入らないことで安価なステンレス鋼として、また塩素系の腐食に強いなどの性質から水、海水関連の部品や構造材として使用されます。なお、炭素鋼でのフェライトは、常温の鉄に炭素を0.006%以下入り込ませた状態の組織であり、クロムを添加することで多い炭素が入り込めるようになったこの材料の溶接では、素材と同質となるSUS430の溶接材を使用しフェライトとしての成り立ちから、炭素の量や溶接による炭素の挙動などに注意した溶接が必要になります。

③**オーステナイト系ステンレス鋼**：オーステナイト自体の性質から加工性、溶接性が良く、耐熱性なども合わせ持つことから広く工業用材料として利用されます。この材料の溶接に関しては、素材と同質となるSUS308や316の溶接材を使用します（なお、この系の材料と炭素鋼との異材溶接にはSUS309の溶接材を使用します）。

図2-39 ステンレス鋼の鋼種とその成分例

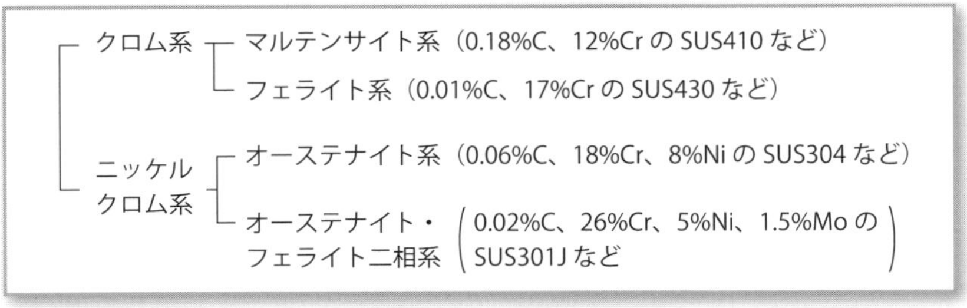

- クロム系
  - マルテンサイト系（0.18%C、12%CrのSUS410など）
  - フェライト系（0.01%C、17%CrのSUS430など）
- ニッケルクロム系
  - オーステナイト系（0.06%C、18%Cr、8%NiのSUS304など）
  - オーステナイト・フェライト二相系（0.02%C、26%Cr、5%Ni、1.5%MoのSUS301Jなど）

要点 ノート

炭素鋼に、いろいろの合金元素を加えて特殊な性質を持たせた合金鋼には、構造用合金鋼、特殊用途合金鋼があり、これらの材料の溶接では、材料特性や材料の炭素当量を考慮して行います。

アルミニウム材料の溶接と溶接材の選定

アルミニウム材料は、溶接割れやブローホールの欠陥を発生しやすく、熱伝導性の良い材料であることから、一定の溶融状態の維持が困難であるなど、溶接のむずかしい材料です。

❶アルミニウム材料

図2-40は、展伸材と呼ばれる板や棒状のアルミニウム材料を、成分により類別して示したものです。図のように、素材の成分で、熱処理材（熱処理により硬化し強くなる材料）と、非熱処理材（熱処によってはあまり硬化せず、圧延などの加工により強くする材料）に大別されます。

これらの材料の中で、広く一般に使用されてきたのが図中の5000系の材料です。ただ、最近は、強度自体が大きく、押し出し加工で複雑な形状の型材が作れる6000系や7000系の材料が多く使われるようになっています（こうした押し出し型材は、断面形状からも強度を高める効果が得られます）。

❷アルミニウム材料溶接に使用する溶接材

純アルミニウム材や3000系の溶接ではA1100やA1070の溶接材を、5000系、6000系、7000系の溶接にはA5356（A5183でも良い）、それ以外の材料で

図 2-40　アルミニウム材料の概要

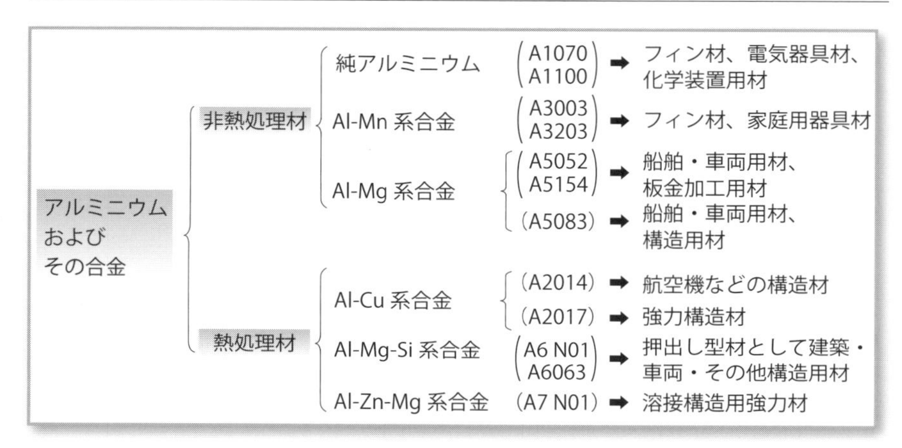

割れを発生するような異材組合せの溶接にはA4043の溶接棒、ワイヤを選定します。なお、アルミニウム材料のTIG溶接では、棒添加による冷却作用を確実に得るため母材板厚に近い径の棒を、MIG溶接の場合も安定な溶接のできる範囲で1.2ϕより1.6ϕのワイヤの使用を推奨します（クリーニング作用が安定し、ワイヤ送りのトラブルも少なくなります）。

❸アルミニウム材料の溶接

アルミニウム材料の溶接では、**図2-41**のようなブローホール欠陥を発生しやすく、これを抑えるため、溶接部の表、裏面およびルート面に形成されている酸化膜をワイヤブラシなどで除去し、これらの部分の油やゴミを除去します。また、熱伝導性の良いアルミニウム材料の溶接作業では、溶けにくい開始部の溶融を助ける工夫が必要です。加えて、熱のこもる終端部では終端に近づくに従い速度を速める操作で溶接します。**図2-42**は、母材の加熱状態に合わせ速度を適正に調整して溶接した場合の溶接結果と、開始から終端まで一定速度で溶接した場合の溶接結果を比較して示したものです。

図2-41 アルミニウム材料の溶接部に発生したブローホール

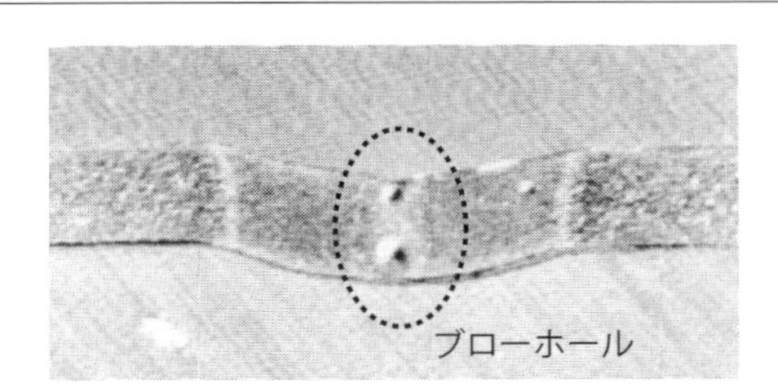

図2-42 アルミニウム材料の溶接における熱源移動の差

溶接法	溶接結果	
	表ビード	裏ビード
(a) 一定速度走行		
(b) 速度制御走行		

要点 ノート

アルミニウム材料の溶接には、アルゴンガス（溶け込みの大きい溶接には、ヘリウムとの混合ガスもしくはヘリウム単独で使用）をシールドガスとする交流TIG溶接、もしくはMIG溶接が使用されます。

ガス溶接

ガス溶接は、①電気などを必要とせず、電気の無い現場でも簡便に溶接できる、②基本的には母材の加熱、溶融のみの作業ができる、といった利点があります。一方で、熱源としての温度が低く、①溶接部の局部的な加熱が困難、②母材の溶融に時間がかかる、③ひずみ発生が大きい、などの欠点があります。

❶ガス溶接条件

ガス溶接条件は、溶接しようとする材料を溶かす能力のある火炎の大きさで決まります（火炎の大きさは、火炎中心の白心の大きさが目安となります）。そこで、①溶接しようとする材料の板厚に応じ、**表2-10**に示す火口番号（これにより混合ガスが送り出される穴の径が決まります）の火口をトーチ先端に取り付けます、②酸素の2次圧力を表2-10に示す圧力に調整、この圧力の1/10程度にアセチレンの2次圧力を調整します。

❷溶接用ガス炎の調整

ガス炎は、アセチレンなどの可燃性ガスと酸素の混合の割合で燃焼することで得られる火炎の状態が変化します。通常、溶接に使用されるガス炎は、ガス炎による保護作用がもっとも得られる中性（標準）炎と呼ばれる状態で使用します。この標準炎の調整は、次の手順で行います。

①点火直後の火炎は、おおむね**図2-43**（a）のような炭化炎です。

②この炭化炎を、酸素バルブをわずかずつ開き図2-43（b）のやや炭化炎状態、そして図2-43（c）の標準炎状態に火炎を観察しながら調整します（火炎が（c）のように左右対称となっていない場合は、いったん炎を切り、火口先端部を清掃し、火口穴も専用の掃除針を通して整えます）。

表2-10　ガス溶接における溶接条件

火口No	火口穴径	酸素ガス圧力	標準白心長さ	溶接可能板厚
50	約0.7mm	0.8MPa	約7.0mm	0.1～1.0mm
100	約0.9mm	1.2MPa	約10.0mm	1.5～2.0mm
200	約1.2mm	2.0MPa	約12.0mm	2.0～3.0mm

＊アセチレンガス圧力は酸素のほぼ1/10

❸ガス切断条件

最近では、ガス炎の溶接への利用はきわめて限られたものとなっています。ただ、ろう接や鋼板の切断には欠かせないものです（鋼板のガス切断は、①火口先端面中心の切断酸素放出用穴の周囲にある数個の穴から放出される混合ガスで作られる加熱用火炎で材料を赤熱状態まで加熱、②この加熱部に切断酸素穴から高速の酸素を送り込み、溶ける温度が周囲の鉄より低く、流動性に富む酸化鉄を形成させ、高速の切断酸素流で吹き飛ばし切断します）。ガス切断は、ガス溶接と同様の手軽な装置で、薄板から100mmを超える厚板を切断できます。

表2-11が手動のガス切断条件例で、ガス溶接と同様、切断する材料の板厚に対応できる穴径の火口を用い、酸素とアセチレンの2次圧力の調整で行います（切断火口の穴径は、火口面中心の穴径です）。

なお、ガス炎の調整は、①まず、加熱用火炎を標準炎に調整します、②その後、切断酸素を放出すると、火炎は少し炭化炎状態に戻るため、加熱用酸素を絞り標準炎に再調整します（この時、加熱用火炎が短くなるようであれば、切断酸素圧力を少し少なくし長い安定な火炎状態で作業を行います）。

図2-43 ガス溶接火炎の調整

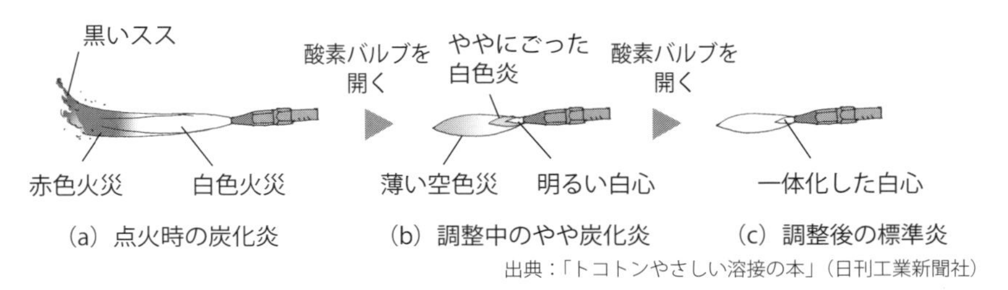

出典：「トコトンやさしい溶接の本」（日刊工業新聞社）

表2-11 ガス切断における切断条件

火口No	火口穴径	アセチレンガス圧力	酸素ガス圧力	切断可能板厚
1	約0.9mm	0.02MPa	0.3MPa	3～15mm
2	約1.2mm			20～30mm
3	約1.5mm			35～40mm

要点 ノート

最近のように製品が高品質化し、高精度化の接合が要求されるようになるにしたがい、ガス溶接の利用は薄板の現場作業など、きわめて限られたものとなっています（ただ、特性を活かし、各種金属材料のろう接やガス切断などに効果的に利用されています）。

被覆アーク溶接

❶溶接棒径と電流条件

表2-12は、一般的に使用される軟鋼用被覆アーク溶接棒の棒径と使用可能電流範囲の標準的な関係を示したものです。棒径が太くなるにしたがい使用できる電流は大きく設定でき、母材への溶着金属の量が多くなり、板厚の厚い材料の溶接に適します。

なお、表中の条件では、立向きや上向き姿勢の溶接の使用可能電流条件が下向きのものとあまり差のない条件で示されていますが、実作業では各棒径の最低電流より5～10A高い電流条件が目安となります（したがって、安定なアーク状態で溶接するには、使用する材料の板厚に対し標準的に使用される棒径より1ランク細い棒を使用し、その最低電流より10～20A高い電流条件で溶接すると良いでしょう。

ただ、これらの条件は、棒の金属の種類や被覆剤の種類、同じ被覆剤でもメーカで違いがあります（したがって、カタログや使用する溶接棒が梱包された箱に記載されている電流条件範囲なども参考にすると良いでしょう）。

表2-12　軟鋼用被覆アーク溶接棒の棒折径と使用可能電流

棒径(mm)	使用可能電流（A）	
	下向き	立向き、上向き
2.6	50～100	40～90
3.2	80～140	60～130
4.0	120～190	100～170
4.5	145～220	115～190
5.0	170～260	130～210
6.0	230～320	―

❷溶接操作と電流条件

被覆アーク溶接棒を使用する溶接作業では、棒の操作によっても電流条件が変わります。

たとえば、①幅の広い溶接を行うためウィービング操作で溶接を行う場合は、それぞれの最高電流近くの条件で溶接します（ただし、多層の最終溶接のように、前の層の溶接で溶接部周辺が加熱され高い温度状態となっている場合は、最高電流より15～20A低い電流で溶接します）、②立向き溶接などでアンダーカットの発生を防ぐため、やや細かいピッチのウィービング操作で素早く溶接していくような場合は、通常の立向き溶接の最高電流よりやや低い電流で溶接します、③薄板溶接で溶け落ちを防ぐため溶接棒を進行方向に前後に振るウィーング操作で溶接する場合は、最低側の電流よりやや高い電流で溶接します、などに注意します。

❸溶接棒の乾燥条件

被覆アーク溶接棒の被覆剤は、空気中の水分を吸収しやすい性質があります。この吸湿した溶接棒で溶接すると、水分がアークの熱で分解して水素を発生、この水素が溶接中の溶融金属に溶け込んで集まり、ブローホールのような溶接欠陥の発生につながります。そこで、被覆アーク溶接棒は、できるだけ吸湿しないような場所に保管するとともに、作業前には**表2-13**に示す条件で乾燥処理し被覆剤中に残っている水分を取り除くことが必要となります。

表2-13 軟鋼用被覆アーク溶接棒の乾燥処理条件例

溶接棒の種類	加熱温度	加熱時間
低水素系以外の溶接棒	70～100℃	30～60分
低水素系溶接棒	300～350℃	30～60分

要点 ノート

被覆アーク溶接棒を使用する溶接の基本的な溶接条件は、使用する溶接棒の棒径（心線の太さ）と溶接姿勢で決まる電流と、その条件で形成される適正なプール状態となる速度で決まります。

TIG溶接

TIG溶接の溶接条件は、溶接しようとする材料がスムーズに溶融できる電流条件に設定することが基本で、電流に合わせた速度で溶接します（したがって、電流を小さく設定したとしても母材が溶けにくくなる分をゆっくりと遅く、逆に電流が大きい場合は速い母材の溶融に合わせた速い速度で溶接することで対応できます）。

❶一定電流による溶接

設定した電流条件による母材の溶融に合わせた速度で溶接することで対応します。なお、**表2-14**に示す板厚に対する電流条件が目安の条件となります。

❷パルス溶接による溶接

TIG溶接機の持つ機能の中に、パルス電流制御の機能があります。この機能は、溶接中の電流を大きいパルス電流と小さいベース電流に設定し、パルス電流とベース電流を1秒間に数回から何千、何万回の周波数で変化させるものです。以下に、この機能の利用方法について示します。

①**0.5～2Hz程度のパルス溶接**：この周波数の溶接では、設定したそれぞれの電流条件で明瞭に上下する電流変化を示します（たとえば30－150Aに設定すれば30－150Aになります）。すなわち、大きいパルス電流の時に母材を溶融、小さいベース電流の時にプールの溶融金属を冷やします。したがって、その溶接結果は**図2-44**のような明瞭な数珠玉状ビードとなります（こ

表2-14　TIG溶接条件例

母材板厚（mm）	突合せ		すみ肉		カド	
	SUS	AL	SUS	AL	SUS	AL
1.6	I形（G：0）、65A (20-80A、1Hz)	I形（G：0）、55A (20-100A、1Hz)	60 ～70A	70A	50A (20-90A、7Hz)	20～75A (1～2Hz)
2.0	I形（G：0）、75A (20-110A、1Hz) I I形（G：2）、50A	I形（G：0）、65A (20-110A、1Hz)	70 ～80A	100A	65A (20-130A、7Hz)	20～100A (1～2Hz)
3.0	60°V（G：2） 65A	I形（G：0）、85A (30-140A、1Hz)	120 ～130A	130A	100A (30-160A、7Hz)	50～150A (1～2Hz)

SUS：ステンレス鋼、AL：アルミニウム合金材

うした溶接は、溶け落ちやすい薄板の溶接や裏波溶接、溶けやすい材料側に溶融が偏る板厚差のある継手や異種材組合せの溶接、熱伝導性の良いアルミニウム合金材や銅材料の溶接に有効となります）。

②**2～7Hz程度のパルス溶接**：この周波数の溶接では電流の変化時間が短く、設定したそれぞれの電流に戻りきれない電流変化を示します（たとえば、20-150Aの電流設定でも実際には40-130Aの変化になり、周波数が多くなるに従い変化の少ない平均電流85Aに近づきます）。したがって、パルス電流制御による母材溶融の制御効果が少なくなり、その溶接結果は**図2-45**のようなパルスの周波数に対応した波形が明瞭に見られるだけのビード状態となります（したがって、この周波数の溶接は、溶け込みの制御より一定状態のビードを保ち、外観品質の良い溶接を行いたい場合などに利用します）。

③**7Hz以上のパルス溶接**：この周波数の溶接では電流の変化時間が短く、ほとんど一定電流溶接に近い電流変化となります。したがって、パルス電流制御による母材溶融の制御効果は少なく、その溶接結果は**図2-46**のような一定電流溶接とほとんど変わらないビード状態となります（したがって、この周波数の溶接は、アークのふらつきを押さえビード幅を一定状態に保ちたい場合やブローホールなどの溶接欠陥の発生を抑える目的に使用します）。

④**500Hz以上のパルス溶接**：高周波パルス溶接と呼ばれるこの周波数の溶接は、アークが細く絞られ指向性が増し、アークの安定性が高められます。そうしたことから、この溶接は、数Aといった小電流の溶接や毎分数mの高速溶接に使用します。

図2-44 1Hzのパルス溶接の溶接結果

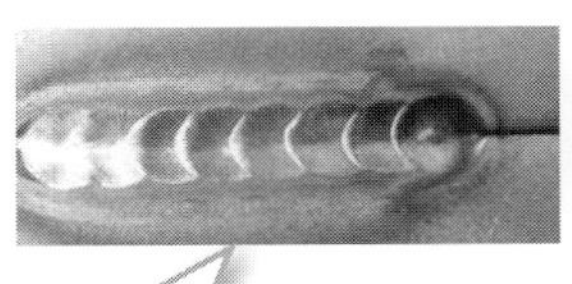

ビードが数珠玉状になる。

図2-45 4Hzのパルス溶接の溶接結果

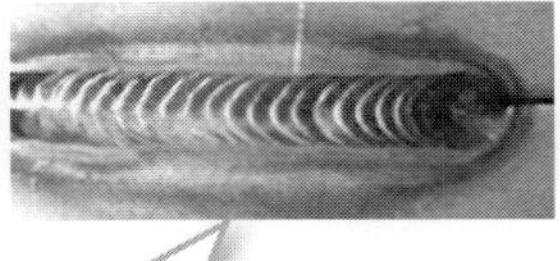

波形がよく見られる。

図2-46 10Hzのパルス溶接の溶接結果

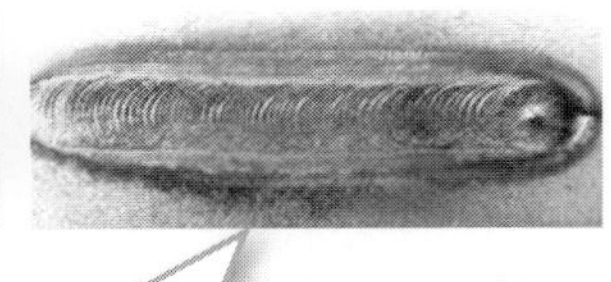

一定電流溶接とほとんど変わらないビード。

要点 ノート

一定の溶け込みが必要となる第１層目の溶接や異材溶接などでは、TIGパルスの溶接が有効となります。

MAG溶接

ここでは、MAG溶接作業において、自分の作業状態に見合った溶接条件を、溶接の基本的な目的から素早く簡単に見出せる方法を示します。

❶溶接条件の設定

溶接の基本的な目的は、①必要な溶け込みを得ること、②必要な強度を得るための肉（溶着金属）をつけること、です。この中で、①に関しては、1mm溶接長さ当りに投入される熱量を同じに設定したとしても、大電流・高速度条件の方が溶け込み深さは深くなり、一定に取り扱うことができません。

一方、②の溶着金属量の場合は、**図2-47**のように、溶接しようとする継手に必要な肉の量（溶着金属量）で決まり、変化するものではありません。したがって、溶接条件は、この継手に必要な肉の量（Vw）で求めることが有効となります。

❷一元化条件設定グラフによる条件設定

MAG溶接やMIG溶接では、一定電流で溶けるワイヤの量は一定です。そこで、ある電流条件の1分間のワイヤ送給量を速度条件で割り、1mm溶接長さ当りに投入されるワイヤ供給量（Vw）を求めます。この電流と速度、Vwの関係を**図2-48**のような一元化条件設定グラフとして作成、継手の断面形状で決まる継手に必要なVw（図では、例として10mm^3/mm）に相当する線上の(a)、(b)、(c) などの各電流、速度条件が求める溶接条件となります。

❸一元化条件設定グラフによる溶接結果

図2-49は1.2mm径ソリッドワイヤを使用する炭酸ガスMAG溶接での、一元化条件設定グラフを利用した板厚2.3、3.2、4.5mm軟鋼板のI形片面突合せ溶接結果です。

図中の1点鎖線が、各板厚の継手に必要なVw（継手の空隙量に余盛りを加えた1mm溶接長さあたりの体積量）から求めた理論条件です。これに、実際のI形突合せ溶接で良好な結果の得られた条件を、溶接速度に対する電流幅で適正条件として示しています。

1点鎖線で示した理論条件に対し、実作業での適正条件は、これら理論条件を含む範囲となっており、本条件設定方法が比較的むずかしい薄板の片面突合せ溶接などにおいても十分実用性のあることが確認されます。ただ、板厚が厚くなるに従い、理論条件は適正条件の上限に近づいていています。これは、板厚が厚くなるに従い、板厚方向への熱の伝わり方や金属の流れが無視できなくなったためです。

図 2-47 継手の溶接に必要な Vw

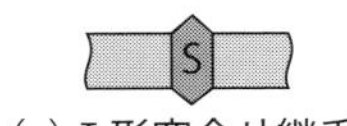

(a) I 形突合せ継手

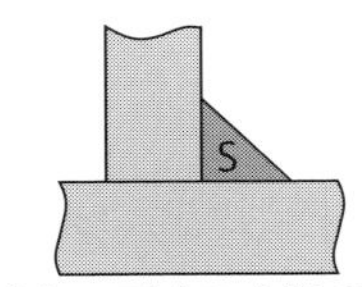

(b) T 形すみ肉継手

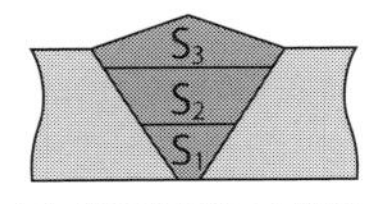

(c) V 形突合せ継手

図 2-48 一元化条件設定グラフによる条件設定

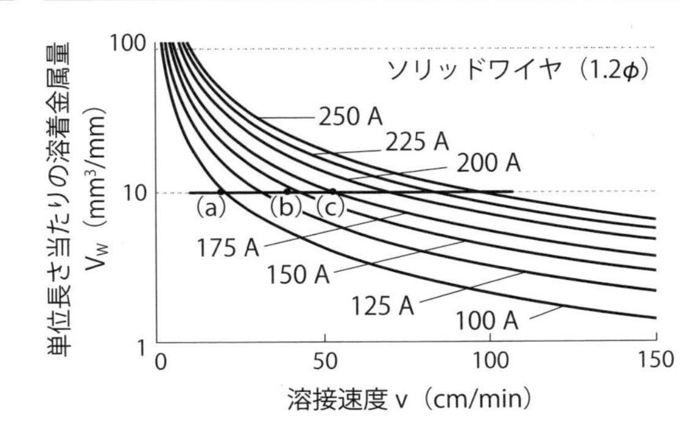

図 2-49 一元化条件設定グラフ利用の溶接結果例

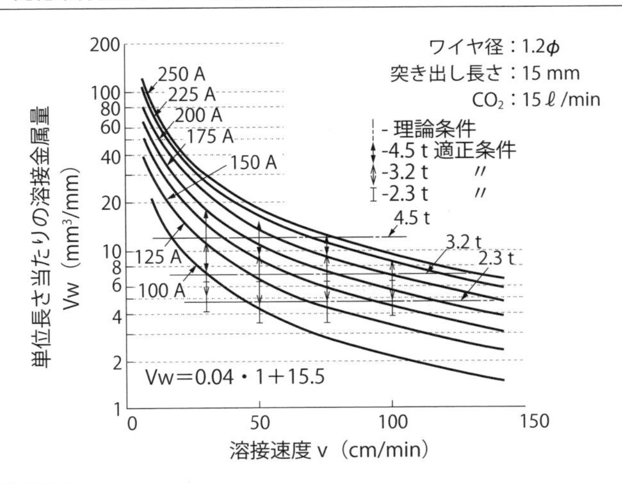

要点 ノート

炭酸ガス MAG 溶接における溶接条件は、一般的な溶接条件表などから見出す方法もありますが、これらに示されている条件はある幅で示したものや作業に対するポイント条件であり、自分の作業に近いものを選び設定する必要があります。

ステンレス鋼のMIG、MAG溶接

ステンレス鋼の高能率溶接には、ソリッドワイヤを使用するMIG溶接とフラックス入りワイヤを使用するMAG溶接が利用できます。それぞれで異なる溶け込みとなり、目的に合わせた使い分けが必要となります。

❶パルスMIG溶接による溶接

ステンレス鋼のソリッドワイヤ使用のMIG溶接では、大電流のスプレー移行の溶接や小電流のパルスMIG溶接が利用できます。中でも、適用できる溶接作業範囲の広い小電流の溶接においては、薄板や全姿勢の溶接において短絡移行となる電圧条件で溶接するパルスMIGショートアーク溶接が有効となります。

図2-50が、1.2mm径ソリッドワイヤ使用のパルスMIG溶接で作成した一元化条件設定グラフを利用し、ショートアークの電圧条件で板厚3mmSUS304板のI形片面突合せ溶接を行った結果で、一元化条件設定グラフを利用する条件設定により良好な結果の得られることがわかります。

図2-50　パルスMIGショートアーク溶接による片面I形突合せ溶接結果（板厚3mmSUS304板）

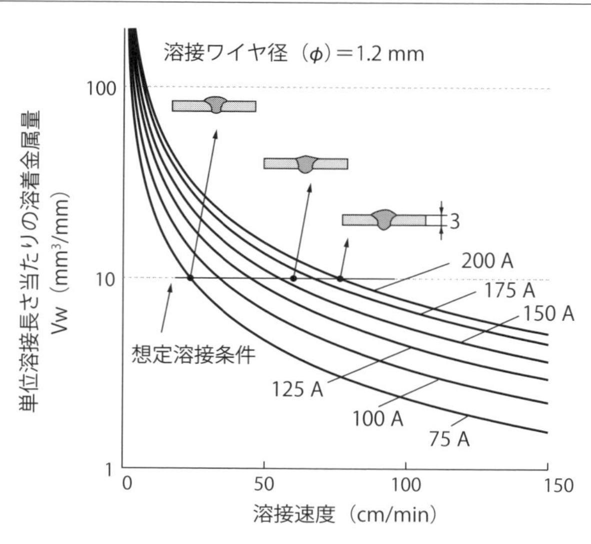

❷フラックス入りワイヤ使用のMAG溶接

この溶接では、フラックスから発生するスラグの作用で、シールドガスに炭酸ガスやMAG混合ガスを使用しても、ステンレス鋼の半自動アーク溶接が可能になります。また、①ワイヤ溶融金属の移行が粒子移行となることでソフトなアーク状態で溶接できる、②スラグ作用でビード表面がステンレス光沢を保てるなどのことから近年ステンレス鋼の溶接に広く利用されています。

フラックス入りワイヤ使用MAG溶接での適正電圧は、短絡の無くなる臨界電圧（ET）～ET+4程度の条件範囲で溶け込み、ビード形状ともほぼ良好な溶接結果が得られます。**図2-51**は、1.2mm径フラックス入りワイヤ使用のMAG溶接で作成した一元化条件設定グラフを利用し、この電圧条件範囲で板厚3～9mmSUS304板のすみ肉溶接を行った結果です。板厚が6mm以上の溶接では、継手に必要なVwとなる条件は175A以上の高電流条件となり、ほぼ板厚に等しい脚長となるVw条件で溶け込み、外観とも良好な溶接が可能になります。ただ、板厚6mm以下の材料の溶接では、板厚よりやや大きい脚長となるVw条件で、かつ高電流、高速度側の条件での溶接が必要となります。

図2-51 フラックス入りワイヤ使用のMAG溶接によるすみ肉溶接結果（板厚3~9mmSUS304板）

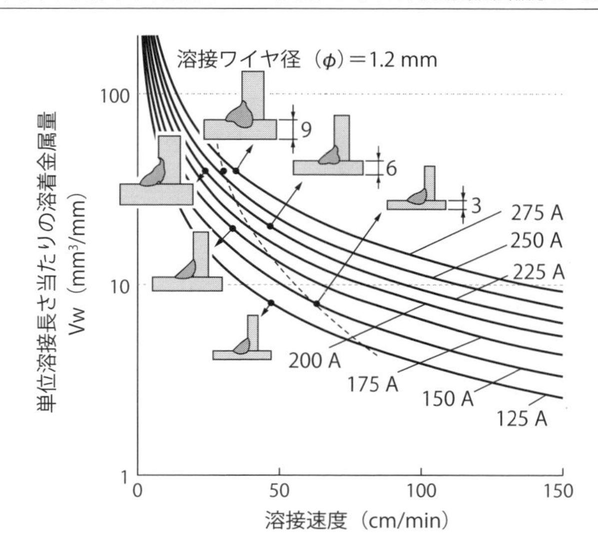

要点 ノート

裏波溶接などをTIG溶接で行い、残りの肉盛り溶接をMIG、MAG溶接で行う組合せ溶接などにも実用されています。

アルミニウム合金材のMIG溶接

❶パルスMIG溶接による溶接

図2–52は、1.2mm径ワイヤを使用するパルスMIG溶接の一元化条件設定グラフを利用した板厚3mmアルミニウム合金板の密着突合せの溶接をストレートで溶接した結果です（この溶接の場合も、一元化条件設定グラフで求めた条件でほぼ良好な溶接結果が得られています）。ただ、熱伝導性の良いアルミニウム合金材の溶接では、同じVwの条件であっても高電流、高速度側の条件で母材の溶融が確実に得られ、片面溶接で溶接開始位置から裏ビードを形成し始めるまでの距離も短くなります。

図2–53は、同じ一元化条件設定グラフを使用し、板厚8mmアルミニウム合金板裏当て金ありV形突合せ溶接を行った結果です。図中①、②の溶接は、いずれも開先断面から求めたVw条件の中で高電流、高速度側の条件を選んでストレートで溶接しています（いずれの層の溶接も、やや過大な溶け込み状態ではあるものの良好な溶接結果が得られています）。

図 2-52　パルスMIGによる密着突合せ溶接結果（板厚3mmアルミニウム合金板）

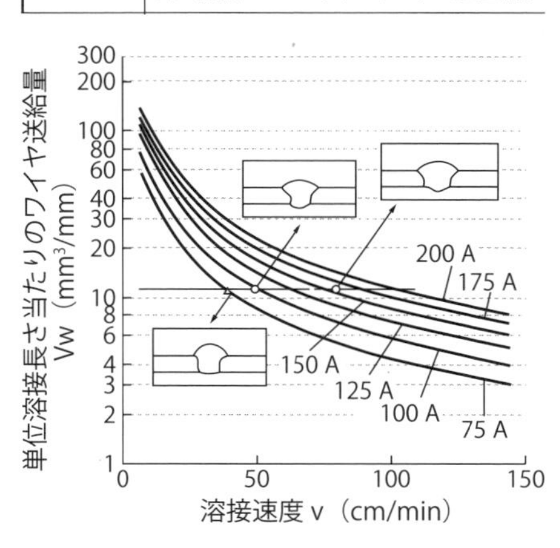

図 2-53　パルスMIGによるV形突合せ溶接結果（板厚8mmアルミニウム合金板）

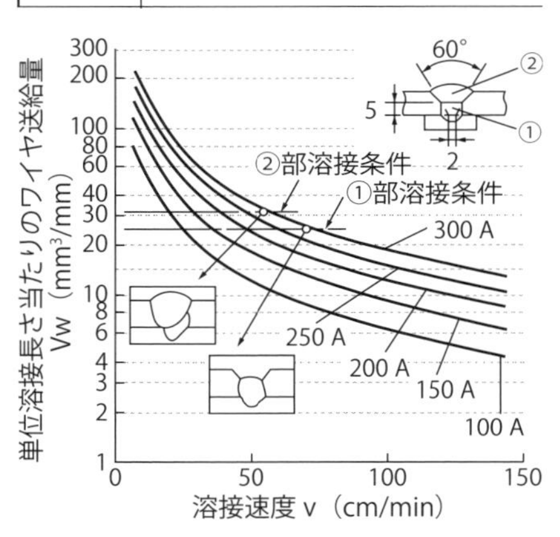

❷パルスMIG溶接によるすみ溶接

図2-54は、パルスMIG溶接による板厚12mmアルミニウム合金板水平すみ肉溶接を1.2mm径ワイヤで行った結果です。(a)の3パス溶接を同じ方向から同じVwの条件で行った溶接では、写真のように重なり状態の不足する溶接結果となっています。

これに対し、各パス溶接での仕上がり状態を考慮し、Vw条件や溶接方向を変えた(b)の結果では、ビードの仕上がり状態、溶け込み形成とも良好なものとなっており、こうした溶接にもVwを考慮した溶接が有効となります。なお、同様に1パスごとのVwを20mm³/mm程度以下に抑え、溶接中心位置を適切に選ぶことで、板厚12mmアルミニウム合金板立向きすみ肉溶接が5パス3層の溶接で良好に可能となります。

図2-54 パルスMIGによる水平すみ肉溶接結果（板厚12mmアルミニウム合金板）

		θn (deg)	Dn (mm)	溶接速度v (cm/min)	ワイヤ供給量Vw (mm³/mm)	溶接結果
(a)	1)	45	0	55	32.0	
	2)	45	0	55	32.0	
	3)	45	0	55	32.0	
(b)	1)	45	0	55	32.0	
	2)	50	1	75	23.5	
	3)	25	1	40	43.5	

要点 ノート

アルミニウム材料の高能率溶接は、MIG溶接の利用で可能となります。この溶接の中でも、比較的利用範囲の広い小〜中電流条件の溶接作業では、パルス電流制御の溶接が推奨されます。

MAG、MIG溶接の電圧条件設定

❶電圧条件とビード形成

図2-55は、MAG、MIG溶接の設定電圧とビード形成の関係を示したものです。図の（a）の過大電圧条件では、長いアーク長さとなってアークが広がり、ビード幅が広くなるとともに溶着金属が盛れず、平坦でアンダーカットを発生しやすいビードとなります。逆に、（c）の過小電圧条件では、アークは広がらず短絡を発生することで、溶け込みの少ない盛り上がったビードとなります。

❷大電流溶接の場合の電圧設定

大電流のMAG、MIG溶接では、深い溶け込みを得るため短絡を発生させない大きい電圧に設定します。ただ、過大な電圧条件では図2-55（a）のような溶接となり、アンダーカットを発生しやすくなります。そこで、この溶接での適正電圧は、次のような操作で求めます。

①設定した電流条件で短絡の発生する低い電圧条件に設定し、アークを発生させます。

②短絡移行のアークを発生させた状態で電圧を高めていくと、「パチ、パチ」あるいは「バチ、バチ」といった短絡を示す発生音が少なくなり、短絡音のなくなる電圧（臨界電圧）に達します。

③その臨界電圧を少し超える電圧から少しずつ電圧を下げ、少しの間隔を置いて「バチ、バチ」の短絡音となる条件から臨界電圧条件までの範囲が、推奨条件の目安となります。

❸小電流溶接の場合

MAG、MIG溶接において電圧条件を小さく設定すると、アーク長さが短くなり、ワイヤ溶融金属と母材プールの間で短絡とアーク発生を繰り返す短絡移

図 2-55　電圧条件とビード形成

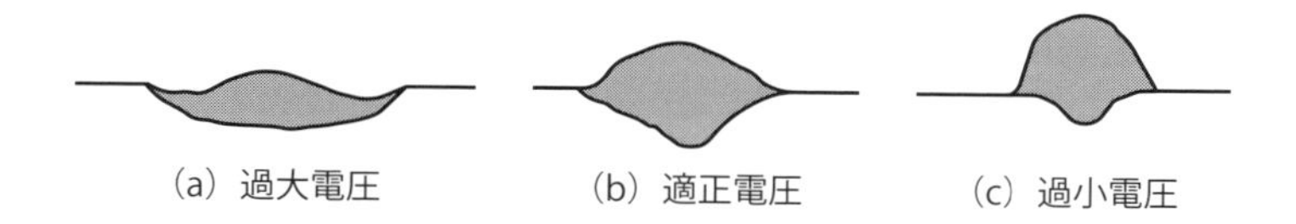

行の溶接となります。**図2-56**は、立向き炭酸ガスMAGビード溶接における電圧条件と発生する短絡回数（1秒間に発生する短絡の回数）の関係を求めた結果です。上進、下進のいずれの溶接の場合も17.5V付近の条件で最高の短絡回数を示しています。通常、溶接機の持つ一元化電圧設定機能（溶接機の電圧切替スイッチを「一元化」に設定することで、使用電流に対する適正電圧が設定されます）での標準電圧条件は、この最高短絡回数を示す電圧より少し高い条件です。

そこで、この溶接での適正電圧は、次のような操作で求めると良いです。

①基本的には、「バチ、バチ」の短絡音がもっとも多い電圧条件よりやや高い電圧で、短絡音が安定に連続する条件に設定します。

②薄板や全姿勢の溶接の場合は、最高短絡回数を示す電圧条件に設定します。

③中厚板の溶接で、電流を高め溶着金属量の多い溶接を行う場合は、「バチ、バチ」の短絡音が連続的ではなく、やや間をおいた電圧条件に設定します。

図 2-56　電圧条件と短絡回数の関係

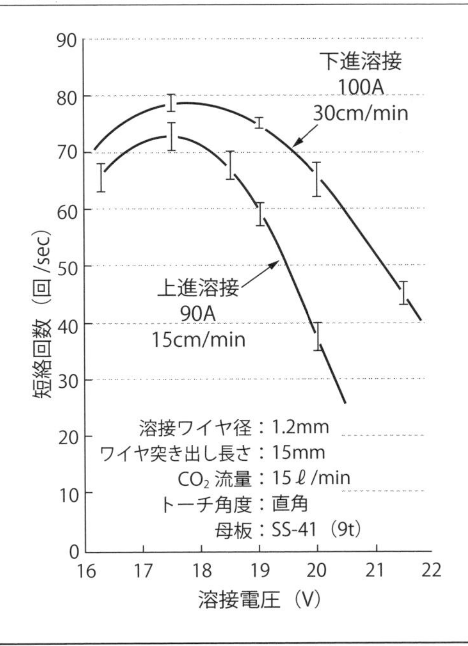

要点 ノート

MAG、MIG溶接では、電流の設定に加え電圧条件の設定が必要です。これらの溶接では、設定した電圧条件で決まる一定アーク長さが保たれ、そのアーク長さで形成されるビードの形状が変わります。

コラム

● 溶接の品質保証はむずかしい ●

溶接で組み立てられる製品の品質は、溶接をしている作業者の技能レベルや熱源の操作状態、溶接条件などによって変化します。したがって、溶接部の品質保証はきわめてむずかしく、溶接によるものづくりは特殊工程として扱われ、作業前にいろいろな確認試験で製品の性能を確かめ、準備状況や作業した時の作業条件なり作業状態を確認、記録することで品質を保証します。

溶接作業では、金属材料を瞬時に溶かして凝固させることから、溶接欠陥と呼ばれる特異な欠陥を発生します。したがって、溶接製品の品質管理では、確認試験で得られた欠陥発生の許容範囲を超える欠陥の発生を抑えたり、補修溶接を行うといった対応が必要です。こうした溶接欠陥の代表的なものに、溶接割れがあります。この溶接割れは、使用する材料や溶接法、溶接条件などで発生状況が異なります。したがって、溶接割れ発生の防止策は、それぞれの割れの発生メカニズムを十分に理解し、それぞれに対応した適切な対処を施すことが必要です。また、割れ以外の溶接欠陥についても、それぞれの発生原因、発生のメカニズム、欠陥の確認方法が異なり、割れの場合と同様の対応が必要です。

また、溶接組立品では、溶接熱による材料の局部的な膨張や収縮で溶接ひずみと呼ばれる変形が起き、製品の寸法不良を発生させます。こうした溶接ひずみの発生は、製品の大きさや形状、構造によって複雑に変化します。したがって、製品の寸法不良の発生防止や修正にも、やはり溶接ひずみ発生のメカニズムを熟知した対応が必要となります。

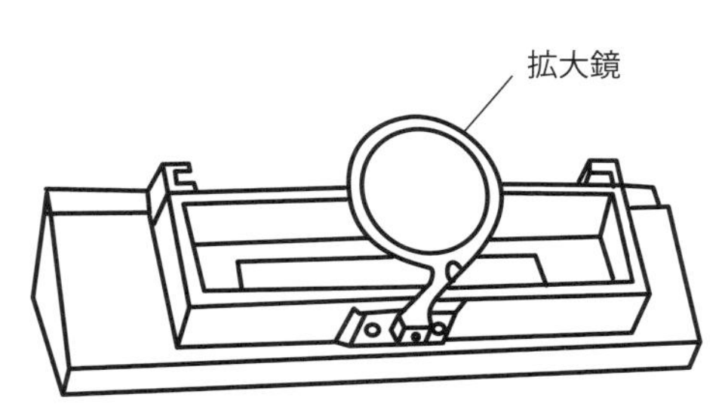

微小な溶接のキズや割れを探査する装置

【第3章】

各溶接法で溶接をしてみる

溶接の基本は2つの材料を均一に溶かすこと

❶TIG溶接による密着継手の場合のプール形成

図3-1は、すみ肉継手でのルート部融合状態を、いろいろの材料の場合のもので比較させて示したものです。基本的には、いずれの継手であっても（b）のSUS304の場合に見られるような両母材を均一に溶かし、良好に融合しあっていることが必要です。なお、両母材が融合し合ったとしても、プールの形成が片方の材料側に寄っている場合は、アークを小さく均等にウィービングさせて偏りを修正します。

これに対し、図3-1（a）のアルミニウム合金材の場合では、母材の溶融に偏りを生じ、両母材の融合が得られていません。こうした状態では、さらに加熱を続けても溶けの多い側の材料の溶融が進み、融合し合うことなく溶け落ちてしまいます。こうした場合は、溶接棒を溶融金属先端部に添加して両母材を融合させ、ウィービング操作で両母材を均一に溶かします。また、図3-1（c）のように融合し合ってプールが形成されたとしても、ルート部でプールにクビレを発生するようであれば、溶接棒を少量添加し均一で安定したプールに修正します。

❷TIG溶接によるギャップのある継手の場合

ギャップのある継手の溶接開始位置でのプールの形成は、次の手順で行います（板厚2mm板の1.6mmギャップ突合せ継手の場合を例に示しています）。

①**図3-2**（a）のようにギャップを溶接後の収縮を考慮し、1.6mmよりやや広くセットします。

図3-1　各種材料すみ肉継手のルート部融合状態

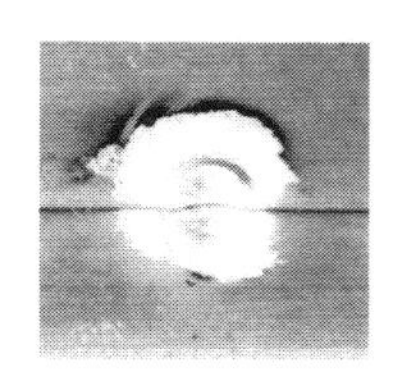

（a）アルミニウム合金材

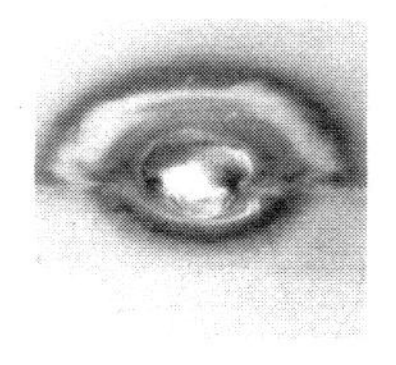

（b）SUS304材

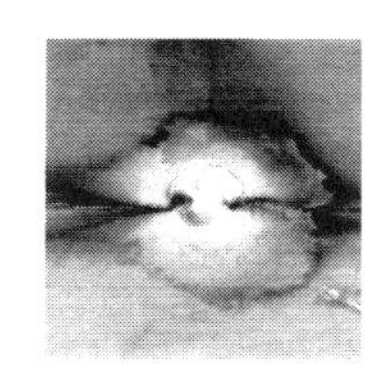

（c）マグネシウム合金材

②図3-2（b）のようにセットした材料の溶接開始端手前でアークを発生させ、両母材端を均等に溶かします。

③両母材端が十分に均等に溶けたら、図3-2（c）のように溶接棒を添加し、良好なプールを形成させます（この場合、溶融金属の量が不足する場合は、過大に盛り上がらない程度に添加を繰り返します）。

❸消耗式電極アーク溶接の場合のプール形成

被覆アーク溶接やMIG、MAG溶接では、**図3-3**のように目的位置でアークを発生させ保持していると、溶けた母材にワイヤ溶融金属が加わりプールを形成します。ただ、長い時間保持しておくだけでは、ワイヤ溶融金属がたまりアークによる母材の溶融は進みません。

図 3-2　ルート間隔のある場合のプール形成

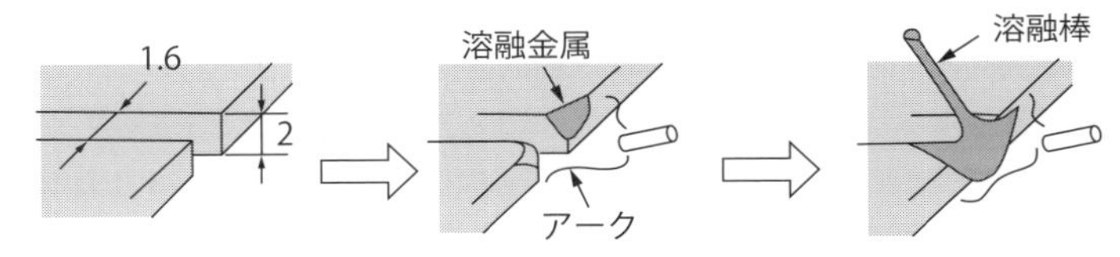

(a) ルート間隔を1.6mm に設定　(b) 板の端部でアークを発生させ、両母材端を均等に溶かす　(c) 両母材端が均等に溶けたら、溶融棒を添加し融合させる

図 3-3　MAG 溶接によるアーク発生

被覆アーク溶接や MIG、MAG 溶接のプール形成では、①2 つの材料を均等に溶かすトーチ保持で行う、②アーク発生後、均一な母材の溶融を得るとともにアークによる母材の溶融を高めるため小さなウィービング操作を行う、などの注意が必要となる。

要点 ノート

溶接は、2 つの材料を溶かして融合させ、冷却して凝固させて接合する技術です。そのため、連続して安定に溶接するには、まず溶接開始位置で 2 つの材料を均等に溶かす必要があります。

溶け込み深さを確認する

溶接中の溶け込み深さをより具体的にプールの大きさで知る手法を以下に示します。

❶溶け込み深さの確認方法

現場で簡単に、溶接中に形成されているプールの大きさで溶け込み深さを知る方法は以下の手順で行います（裏面まで溶けている完全溶け込み溶接の場合は裏面を見れば確認できるわけですから、ここでは裏面まで溶けない不完全溶け込み溶接の場合の方法です）。

①これから溶接しようとする材料の残材を、実際と同じ継手に準備します。

②準備した継手の中央付近に、**図3–4**のように実際に行うのと同じ条件でアークスポット溶接（もしくは短いビード溶接）を行い、凝固したナゲットの径あるいはビード幅を計測します（この大きさが、溶接作業での目安となるプールの大きさです）。

図 3-4　溶け込み確認のための溶接継手

(a) 突合せ継手

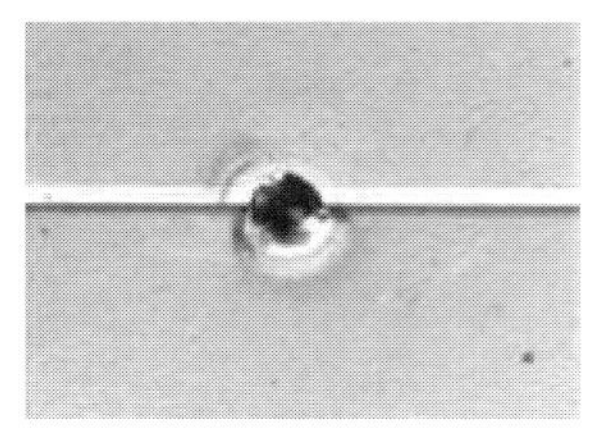

(b) 重ね継手

図 3-5　溶接継手の折り曲げ

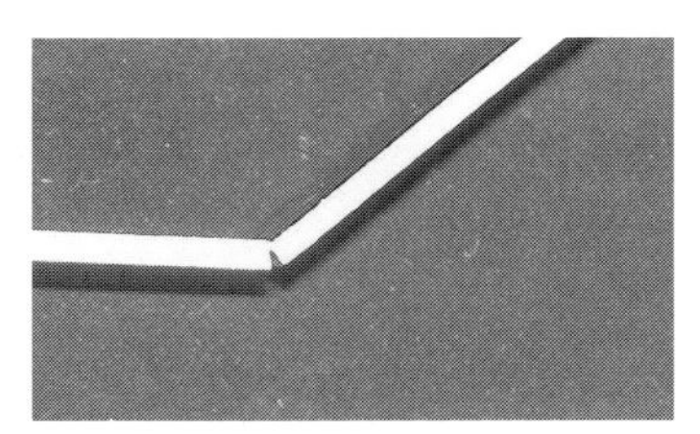

(a) 突合せ継手

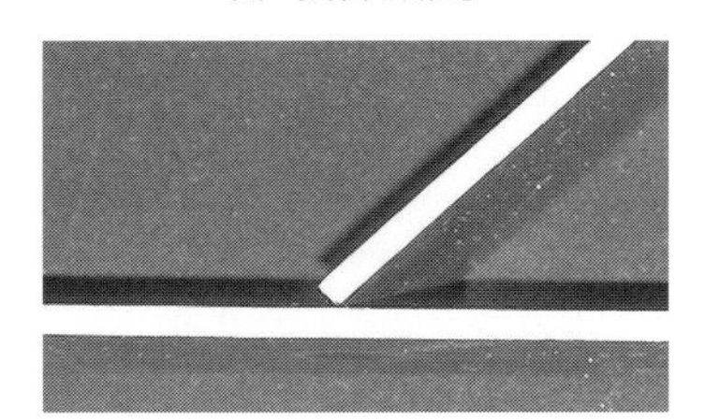

(b) 重ね継手

③溶接した継手を**図3–5**のように溶接線に沿ってビード面側に折り曲げ（ビードに余盛りのある場合は、余盛りを削除しておきます）、ある程度曲げたら戻す作業を繰り返し、溶接部を破断させます。

④継手を破断させ、その断面を観察してください。溶けて凝固した溶接部は、**図3–6**のように明らかに他の部分とは異なっており、溶け込み深さが確認できます（すみ肉継手や重ね継手では、垂直材あるいは上板材止端部からの半円部が溶け込み深さ部分で、これらの溶け込み深さが、はじめに確認したナゲットの大きさに対する溶け込み深さとなります。

❷溶け込み深さ確認における注意点

人が行う溶接では、溶接中、どうしてもアーク長さが長くなったり短くなったり変化するとともにトーチ保持角も変化します。これらの変化にともなって溶け込み深さも以下のように変化します。

①作業中のアーク長さが長くなると、同じプールの大きさでも得られる溶け込みは浅くなります（逆に、短くなると、なかなか目標の大きさのプールとならず、目標のプールが形成できると溶け込みの大きい溶接となります）。

②トーチ保持角が大きく傾くとプール長さが長くなり、溶け込み深さも浅くなります（こうしたことから、プールの大きさを溶け込み深さの指標にするには、溶け込みの確認作業を行った時のアーク長さ、トーチ角度を一定に保持して溶接することが必要で、トーチを持つ手のひじの使い方や繰り返しの練習が必要になります）。

図 3-6　破断面による溶け込み確認

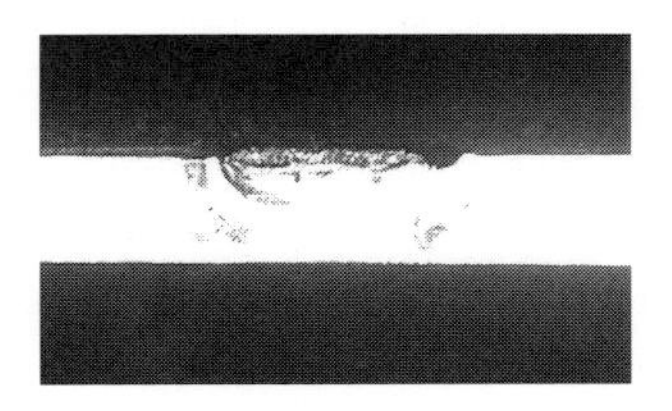

(a) 突合せ継手

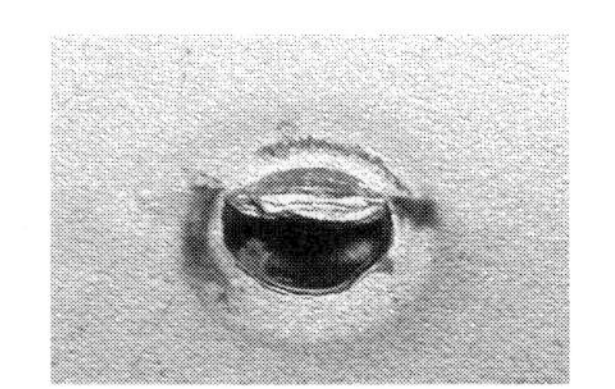

(b) 重ね継手

要点 ノート

溶接部の溶け込み深さは製品の強度品質を左右する重要な因子ですが、溶接中、作業者は形成されている溶け込み深さを見極めることはできません。そこで、作業者は、溶接中に形成されているプール（溶融池）の大きさを目安に、ある程度の溶け込み深さを想定して溶接を行っています。

ガスの燃焼火炎を利用する ガス溶接、切断作業

❶ガス溶接作業

ガス溶接作業は、次の手順で行います。

①溶接する材料の板厚に応じ、74頁の表2-10に示した火口、酸素とアセチレンの2次圧を適切に設定します。

②点火した火炎を標準炎に調整し、溶接する材料の残材に調整した火炎で試しの加熱を行い、瞬間的に溶けるようであれば火炎をやや小さく、溶融に時間がかかるようであれば火炎をやや大きく設定し直します。

③2つの部材を目的の継手状態にセットします。

④**図3-7**の基本姿勢で、接合部の両端を溶融させ目的の継手に固定します（この固定のための仮止め溶接がタック溶接で、両方の母材の融合がうまく進まない場合は左手に持った溶接棒を添加することで融合させます）。

⑤溶接は、溶接開始位置で両母材が均一に溶融している溶融池を形成させ、これを一定の大きさに保つように溶接していきます。

なお、薄板のガス溶接では、必要以上に溶接棒を添加せず、タック溶接箇所を多くし、溶接過程で発生するひずみを修正しながら溶接すると良いでしょう。逆に、板厚が厚い場合は、溶接部に適度な隙間（ギャップ）を開け、白心に近い位置で母材を溶融させ溶接棒を添加しながら溶接します（**図3-8**が薄鋼板の板金加工品をガス溶接で組み立てた製品の溶接部です）。

図3-7 ガス溶接作業の基本姿勢

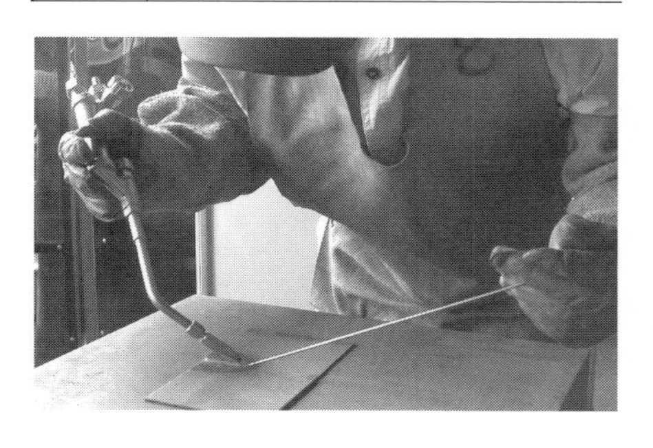

図3-8 板金加工品のガス溶接品

❷ガス切断作業

ガス切断は、最近も、広く鋼材料の切断に使用されていますが、鋼以外のアルミニウム合金材やステンレス材を溶かして切断するにはプラズマやレーザが必要となります。

ガス溶接作業は、次の手順で行います。

①切断しようとする鋼材の板厚に応じ、**表3-1**のような切断火口と条件に設定します。

②75頁に示した方法で適切な予熱炎に調整、予熱炎の白心先端2～3mmの位置で切断開始位置を赤くなる（赤熱温度状態）まで加熱します。

③赤熱温度状態まで加熱できたら、切断酸素を勢いよく出し切断を開始します（切断は、白心先端2～3mmの位置を一定に保ち、**図3-9**のように裏面に火花がスムーズに吹き飛ばされる状態を確認しながら一定の速度で行います）。

表 3-1 切断板厚と適正切断用火口の関係

火口No	火口穴径	アセチレンガス圧力	酸素ガス圧力	切断可能板厚
1	約0.9mm	0.02MPa	0.3MPa	3～15mm
2	約1.2mm			20～30mm
3	約1.5mm			35～40mm

図 3-9 良好な切断状態

要点 ノート

ガスの燃焼火炎を利用するガス溶接、切断作業では安全確保のための注意点を確実に守り、きちんとした手順に従って装置の設定、作業準備を整えます。

溶融するろう材を流し込み接合するろう接作業

ろう付け（ろう接）は、ハンダ付け作業で行うように母材となる銅線は溶かさず、この銅線の間の隙間に低い温度で溶融するろう材（ハンダ）を液体状態にして流し込み接合する方法です。

❶トーチろう付け作業

人が行う手動のトーチろう付け作業は、次の手順で行います。

①接合部を清浄し、ややネバい状態のフラックスを塗布します

②火炎を中性炎の手前のわずかな炭化炎とし、温度の高い白心部からやや離した状態で、加熱位置を順次変えながら接合部とその周辺を均一に加熱します

③適正ろう接温度の目安となるフラックスが溶融し活性な液体の状態となった時点で、ろう材を添加します。

④接合面全体にろう材が均一にいきわたるよう、ガス炎の加熱位置を操作します

⑤接合面全体にろう材がいきわたったら、加熱を停止、ろう材を冷却します。

⑥残留フラックスを除去し、接合部を清浄します。

❷ろう付け結果に及ぼす加熱操作の影響

図3-10は、ガス溶接用トーチを使用して人が行う手動のトーチろう付けにおける、接合部の加熱状態と作業結果の関係を示すものです。図の結果からわかるように、①（a）の場合が、接合部全体が適正温度に均一に加熱され、良好なろう付け結果が得られたもの、②（c）の場合は、局部的に加熱不足部を

図 3-10　手動トーチろう付けによる作業結果

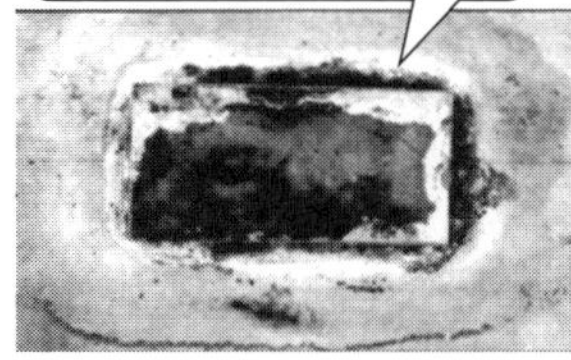

適正な加熱で、ろう材が接合面全体に適正に回っている。

(a) 適正加熱

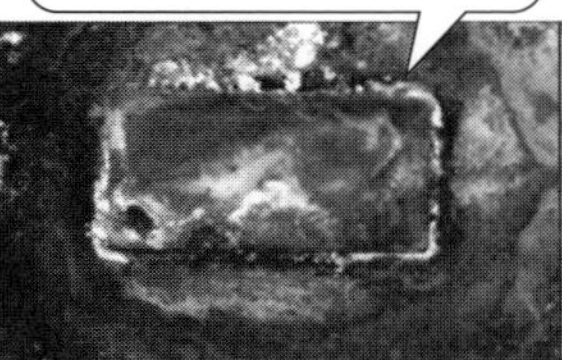

フラックスが焼けてろうが回らなかったり、ろうが焼損している。

(b) 加熱過剰

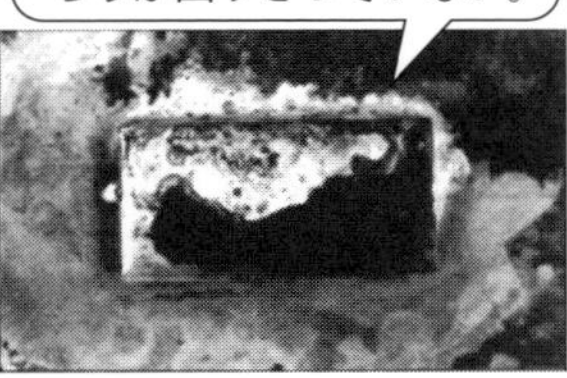

フラックス効果で接合面がが活性化しているものの、ろうが回りきっていない。

(c) 加熱不足

生じさせ、ろうの回り不足を発生しているもの、③（b）の場合は、局部的に加熱オーバー部を発生、フラックスの焼損（黒い部分）でろうが回りきっていない箇所や、ろうが回ったものの回ったろう材が焼損（やや白い部分）した箇所のあるものです。

このように、手軽に利用できる手動トーチろう付け作業では、接合部の加熱状態により接合結果が大きく左右されるのです。

❷ロボットなどによる自動トーチろう付け作業

手動のトーチろう付け作業では、作業者がフラックスの溶融状態でろう材の添加時期を判断、ろう材の流れ状態で加熱位置を適切に変えることで良好な接合結果を得ています。ロボットや専用装置を利用する自動ろう付け作業では、人の作業ポイントをプログラムで行う必要があり、良好な接合結果の得られる条件を十分に検討しておきます。

また、接合部の均一加熱のため、**図3-11**のような製品形状に合わせた状態で全体を加熱できるよう熱源をリング状にするなどの工夫が必要になります（こうしたリング状熱源は、融点が低くろう材との差の少なくなるアルミ材のろう付け作業に特に有効です）。こうした自動ろう付け作業では、フラックスを塗布したリング状、箔状、粉末状のろう材を使用することで、より良好なろう付け結果が得られやすくなります。

図3-11　接合部の均一加熱が可能なように工夫された加熱ヘッド

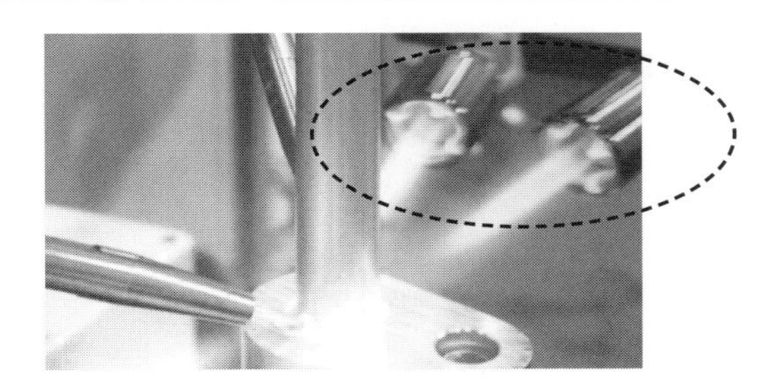

要点 ノート

接合ろう付けの方法では、通常、目的とする接合状態を得るため、ろう材とともにろう付け面を清浄にして活性化するフラックスを使用します（最近は、こうしたフラックスをろう材中に包み込んだものや、ろう棒に被覆したものが市販され、作業性が大幅に改善されるようになっています）。

被覆アーク溶接作業

被覆アーク溶接を含めアークなどを利用する溶接では、熱源の強い光を遮断するため、ヘルメットなどの面で顔を覆う必要があり、真っ暗やみの中での作業となります。

❶アークの発生

被覆アーク溶接では、アークの発生時に溶接棒と母材がくっつき、正常な溶接作業に移れなくなります。そのため、被覆アーク溶接におけるアークの発生は、**図3-12**のような各種の方法で行われますが、一般的には図中のタッピング法やブラッシング法が行われます。ただ、溶接の開始位置で確実にアークを発生させるには、溶接棒を傾けて接触させ、角度を変化させるなりわずかにブラッシュさせてアークを発生させる接触法が有効となります。

図3-13が通常の交流被覆アーク溶接での発生直後のアーク状態で、小さく不安定で直後に消滅したり溶接棒と母材の短絡が発生し正常な作業状態に移れなくなります。したがって、交流被覆アーク溶接では、こうしたアークの発生操作を数回繰り返す必要があり、目的の位置で確実にアーク発生ができるよう繰り返し練習することが必要となります。

❷適正アーク長さの維持

アーク発生時の不安定なアーク状態をクリアーし安定なアーク状態が得られたとしても、溶接棒の心線は徐々に溶け、溶接棒の先端と母材面の長さ（アーク長さ）が長くなり、「ボー」の音とともにアークが消滅してしまいます。したがって、アーク発生後は、心線の溶融にともなって溶接棒を母材面に近づけ

図 3-12 被覆アーク溶接でのアーク発生法

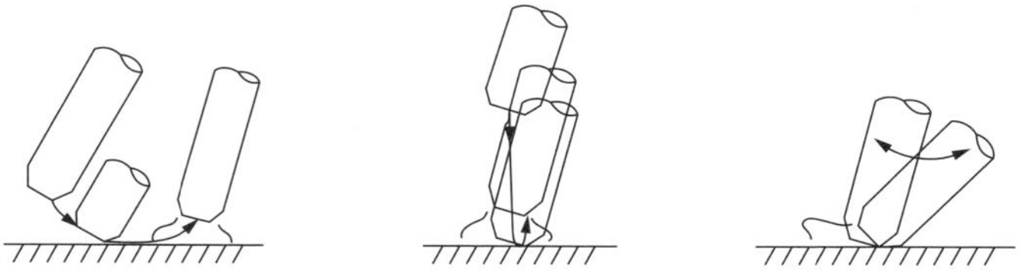

(a) ブラッシング法　(b) タッピング法　(c) 接触法

図 3-13 アーク発生時のアーク状態

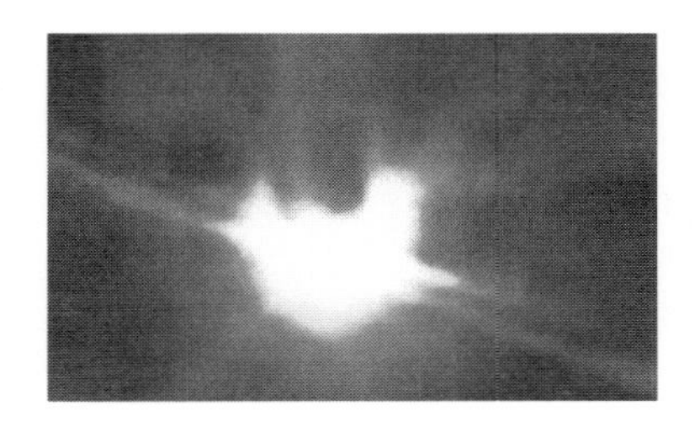

図 3-14 適正アーク長さでの溶接

図 3-15 長いアーク長さでの溶接

図 3-16 短いアーク長さでの溶接

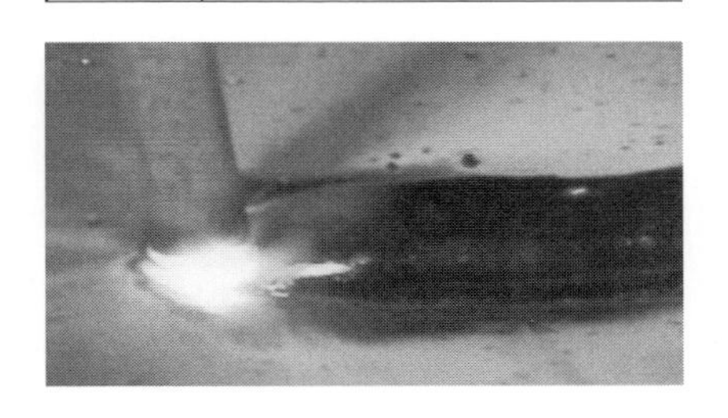

る操作が必要となります。この時、適正なアーク長さの溶接は、**図3-14**のように棒先端とプール表面の間に明瞭なアークが観察でき、このアークフレームの外側に明るく輝く高温のスラグから低温になった黒色スラグが形成されます。この溶接状態では、「パチィ、パチィ」のクリアーな連続音も発生します。

一方、長いアーク長さの場合は、「ボー」といったアーク音と**図3-15**のように明るい広がったアークが不安定に変化し、高温のスラグが飛ばされアーク直下にはプール溶融金属が見えるようになります。逆に、短いアーク長さの場合は、「ピチィ、ピチィ」のアーク音で、**図3-16**のように明るいアークはほとんど観察されず、高温のスラグが棒先端部に近づいた状態となります。このように、被覆アーク溶接作業では、瞬時、瞬時の溶接状態を目と耳で把握し、アーク長さの良否を判断して常に適正に保つ溶接を行います（こうした溶接状態の変化をよく観察し、適切なアーク長さでの作業が安定してできるよう、練習の積み重ねが必要です）。

要点 ノート

被覆アーク溶接では、アークを発生させるため、溶接棒の先端と母材面を接触させる必要があり、この時「バチィ」の音とともに強い光のアークが出ます（したがって、特に被覆アーク溶接作業では、こうした状態での作業に慣れることが必要となります）。

下向き姿勢での被覆アーク溶接作業

ここでは、被覆アーク溶接による下向き姿勢溶接について示します。

❶基本的な下向き溶接作業

図3-17は、下向き姿勢での適正な作業状態、溶接状態を示すものです。(a)の作業状態でのポイントは、①ホルダーを持つ手のひじを肩の高さまで上げた状態で、②棒が溶融し短くなるに従い、体を前傾させていくことで溶接棒の保持状態が常に一定に保たれるよう溶接します。また、(b)の溶接状態でのポイントは、①棒先端部に対しわずかに離れた位置に明るく輝く高温の溶融スラグが滞留している状態が保たれ、②「パチパチ」のアーク音の、適正なアーク長さで溶接します。

❷薄板の下向き溶接作業

図3-18は、薄板の下向き突合せ溶接を裏波専用溶接棒で片面溶接を行っている状態です（溶接ルート部の溶け具合を見ながら、わずかずつアークの長さを調整しつつ溶接しています)。また、**図3-19**が、この溶接で形成された表ビード、裏ビードの状態で、表ビード側からの片側溶接であったにもいずれも良好ビード状態で溶接されていることがわかります。

図 3-17 下向き姿勢溶接での適正な作業状態、溶接状態

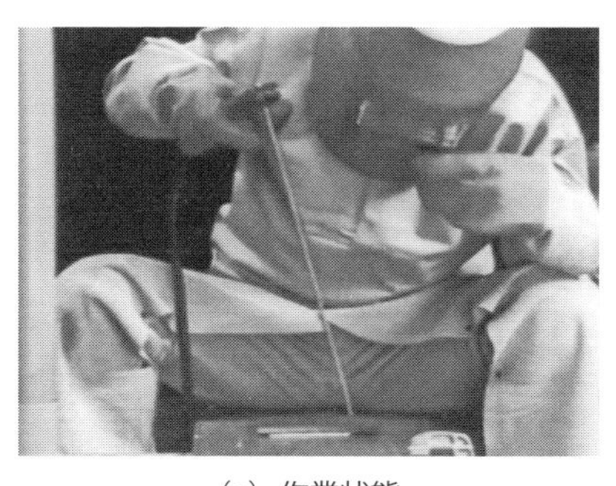

(a) 作業状態

(b) 溶接状態

❸中・厚板の下向き溶接作業

図3-20が、厚板の下向き突合せ溶接結果の一例で、溶接する開先溝の幅が広くなるにしたがいウィービングの振り幅を広げた溶接を重ねて行っています(ただ、開先溝の幅が広くなり、1パスのビードでは溝を埋めきれなくなった場合は2パス1層、さらには3パス1層の溶接で、開先溝の壁面および前層ビード表面を確実に溶かす溶接の行われていることがわかります)。

図 3-18 薄板下向き突合せ溶接の作業状態

図 3-19 薄板下向き突合せ溶接結果

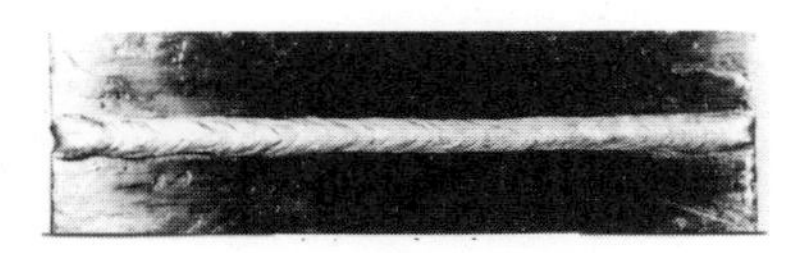

(a) 表ビード

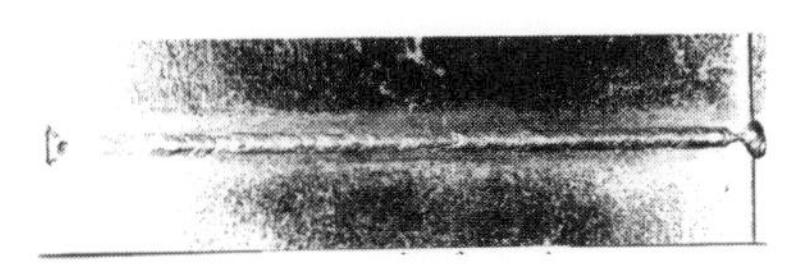

(b) 裏ビード

図 3-20 厚板下向き突合せ溶接結果

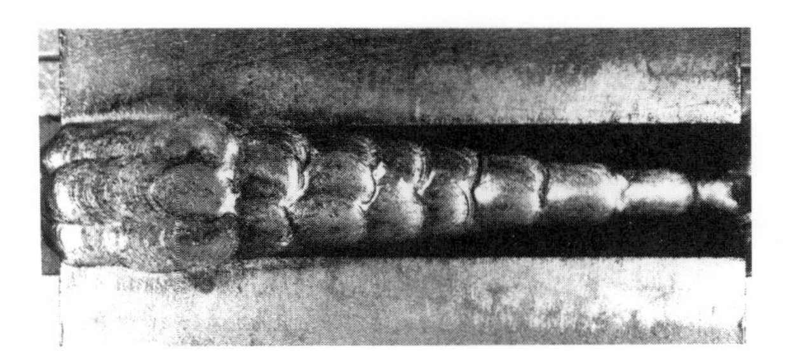

要点 ノート

被覆アーク溶接による各姿勢での溶接作業においては、プール溶融金属の挙動に加え溶融スラグの挙動を考慮した条件設定、熱源操作が必要となります。

立向き、横向き姿勢での被覆アーク溶接作業

ここでは、被覆アーク溶接による立、横向き姿勢溶接について示します。

❶立向き溶接作業

図3-21は、立向き姿勢での適正な作業状態、溶接状態、溶接結果を示すものです。図3-21（a）の作業状態でのポイントは、①肩の力を抜き、②ホルダーを持つ手が同じ保持状態で上下に操作できる程度に脇を軽くしめ、③溶接棒が溶接面に直角となるよう体を材料面に対し斜に構えます。また、図3-21（b）の溶接状態でのポイントは、①溶接電流を低く押さえ、②母材をえぐらない程度のプール状態で、棒先端下の位置に溶融スラグが滞留している状態を保ち、③短いアーク長さで溶接します。

一方、図3-21（c）の溶接結果からは、①各ビードは、平坦でウロコ状にならないビード幅で、②開先溝の壁面および前層ビード表面が確実に溶かされた溶接が行われていることがわかります。

❷横向き溶接作業

図3-22は、横向き姿勢での適正な作業状態、溶接状態を示すものです。(a)の作業状態でのポイントは、①肩の力を抜き下向きと立向きの中間的な姿勢

図3-21　立向き姿勢溶接での適正な作業状態、溶接状態、溶接結果

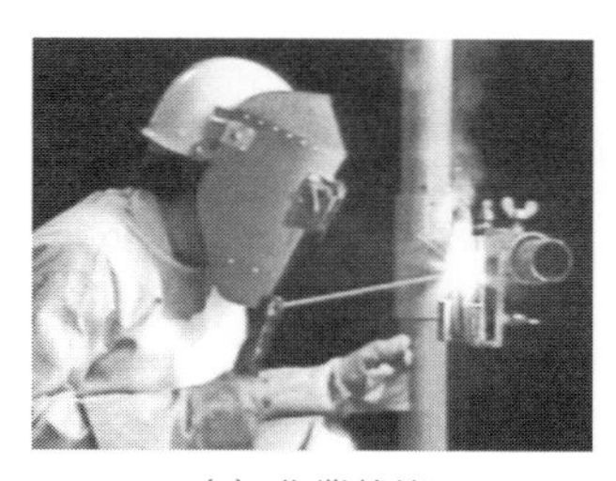

（a）作業状態

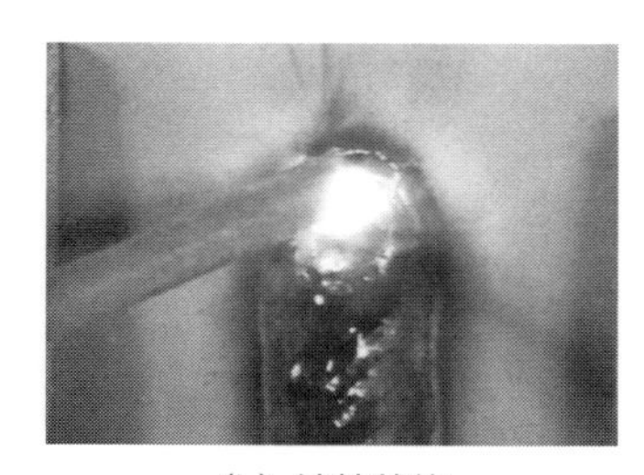

（b）溶接状態

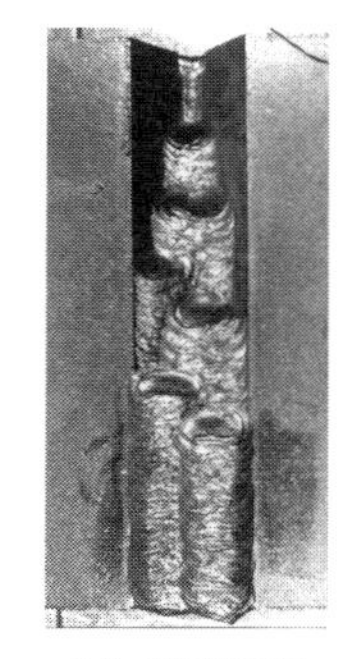

（c）溶接結果

で、②溶接棒が同じ保持状態で左右に平行移動できる姿勢をとります。また、

また、(b) の溶接状態でのポイントは、①溶接電流は下向きと立向きの中間的な条件で、②溶接は、写真に見られるようにストレートに近い操作でビードを必要な幅だけ重ねる多パスの溶接を行います（やや広いビード幅の溶接を行う場合は、細かなノコギリ刃状もしくは少し傾けたグリウィービング操作で溶接します)。

一方、**図3-23**の溶接結果からは、①各ビードは平坦で、開先溝の壁面および前層ビード表面が確実に溶かされ、②それぞれのビードが、平坦に重ねた溶接が行われていることがわかります。

図 3-22 横向き姿勢溶接での適正な作業状態、溶接状態

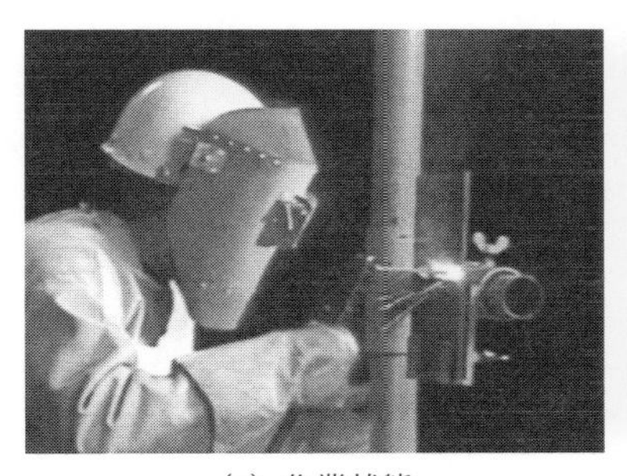

(a) 作業状態

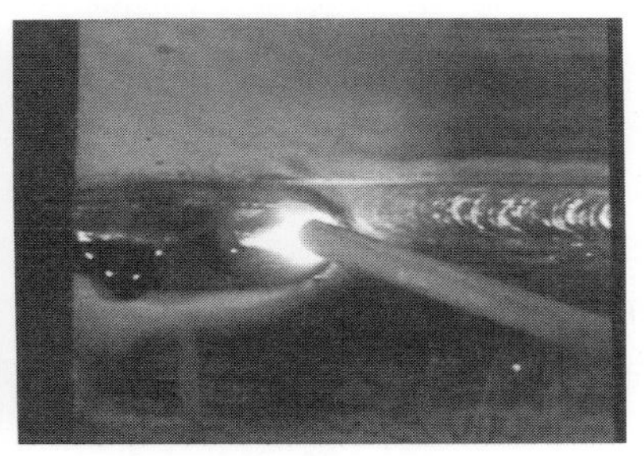

(b) 溶接状態

図 3-23 横向き姿勢溶接での溶接結果

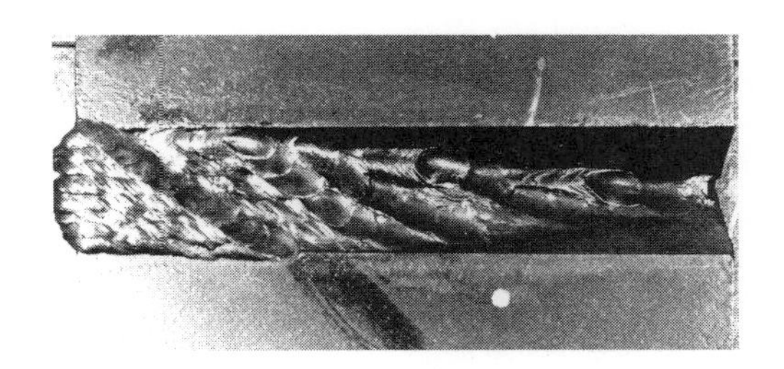

要点 ノート

被覆アーク溶接による立・横向き姿勢での溶接作業においては、プール溶融金属の挙動に加え溶融スラグの挙動を考慮した条件設定、熱源操作が必要となります。

TIG溶接作業

TIG溶接は、溶接部の冶金的な特性や溶け込み特性の両面で高品質の溶接結果が得られやすく、近年、各種材料の溶接に広く利用されています。

❶アークの発生

タングステン電極先端を母材表面から1.5mm程度浮かせた状態でトーチを保持（この場合、**図3-24**（a）のようにガスノズル端を母材面に付けて行うと作業がやりやすいでしょう）、トーチスイッチを押しアークを発生させます。アーク発生後は図3-24（b）のようにトーチを起こし、電極先端を母材面から少し離し、アークを短く保持して溶接開始位置を加熱します。

❷プールの形成

溶接開始位置で両母材を均等に溶融させ、両母材にまたがるプールを形成させます（ルートにギャップのある場合でプールが形成できない場合は、溶接棒を添加して形成させます）。その後は、本溶接時のアーク長さに保持し必要な溶け込みの得られる大きさのプールを形成させます。

❸溶接操作

開始位置で形成したプールの大きさを一定に保ち、溶け込み確認時のトーチ角やアーク長さを一定に保持して溶接を進めます（アーク長さが変化すると**図3-25**のように発生しているアーク状態が変化し、形成させるプールの形状や

図3-24　トーチの持ち方とアークの発生状態

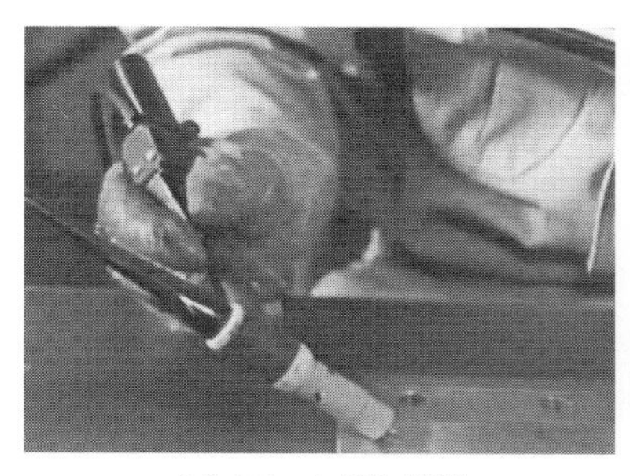

(a) アーク発生準備

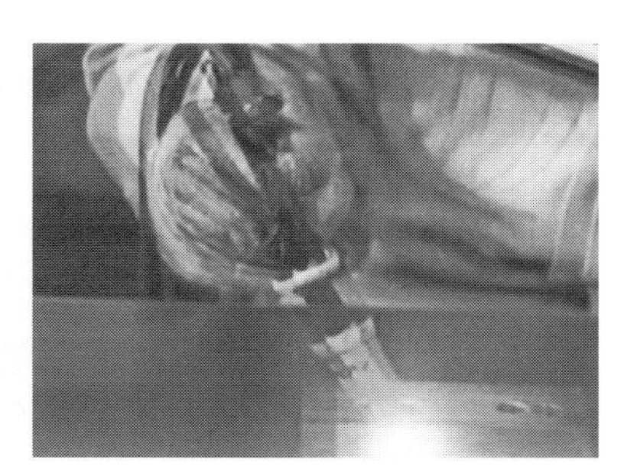

(b) アーク発生後のトーチ操作

溶け込みが変化します)。なお、溶接終端部でクレータ処理を行い、溶接を終了します。

❹各種姿勢での溶接

TIG溶接作業では、下向き、立向き、横向きといった溶接の姿勢により溶接条件や溶接状態が大きく変わるものではありません。**図3–26**に示す各姿勢での作業のポイントは、トーチおよび溶接棒の保持状態を一定に保つことです。なお、いずれの姿勢においても、作業台面や足のひざ部分などをうまく利用し、溶接状態を一定にして溶接します。

図 3-25 アーク長さの変化とアークの発生状態

(a) アーク長さ＝2.0 mm

(b) アーク長さ＝3.5 mm

(c) アーク長さ＝5.0 mm

図 3-26 TIG 溶接における各姿勢での作業状態

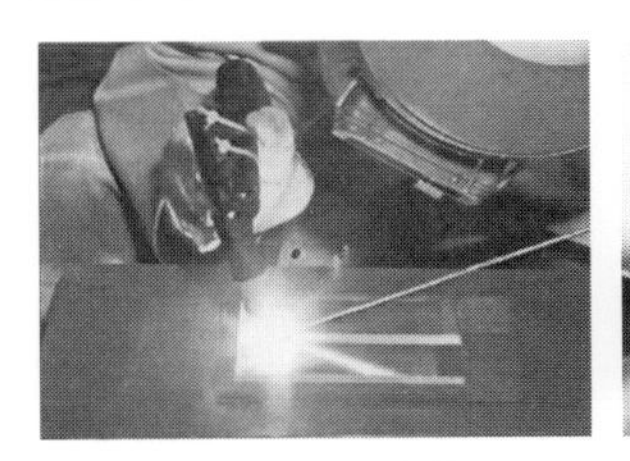

(a) 下向き溶接

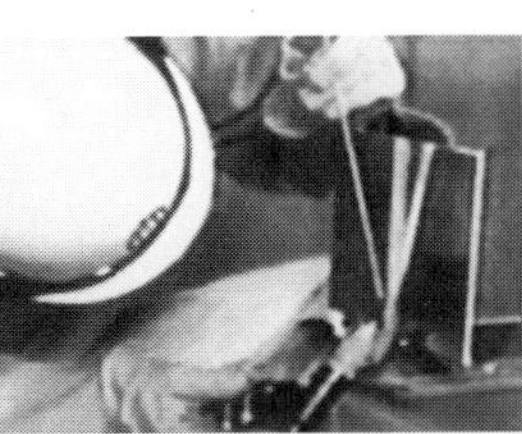

(b) 立向き溶接

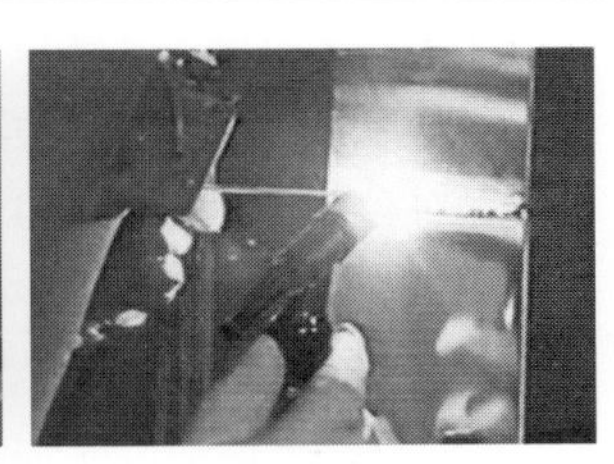

(c) 横向き溶接

要点 ノート

TIG 溶接の作業では、溶接トーチの操作と溶接棒の添加操作を同時に両手で行う必要があり、作業自体はややむずかしい作業となります。

TIG溶接の溶接棒添加作業

❶溶接棒の添加操作

TIG溶接で、溶接棒をプールでうまく溶かすには、**図3-27**のように浅い挿入角で溶接棒をプール先端部に送り込む必要があります。したがって、溶接棒は、図3-27（a）のように先端部がシールドガスで保護できるアークから少し離れた位置に保持します。この場合、溶接棒が少しでもアークに近づくと、母材に比べ溶融しやすい棒の先端部が溶融し大きな溶融球となり、プールにうまく移行できず溶接できなくなります。

図3-27（a）の状態で目標の大きさのプールが形成できたら、溶接棒の保持状態を維持して図3-27（b）のようにプール先端に棒先端をつけ溶融した金属をプールに移行させます。この場合の送り込む棒の量は、開先内溶接やすみ肉溶接ではプール面が平坦になる状態、突合せ継手仕上げ層溶接ではプール面が幾分盛り上がる状態を目安に、親指の操作などで棒を送り込みます。なお、棒の添加操作と送り操作は、広い断面に溶融金属を盛るような場合にはアークをウィービングさせ溶接棒はアーク位置と反対のプール先端部で、狭い断面に盛る場合はプール先端の中央部で棒添加を繰り返す方法で行います。

❷棒添加によるプールの冷却作用

TIG溶接による溶接棒の添加操作では、プールの熱で棒を溶かすことから、プール温度を下げる作用が生じます。**図3-28**が、こうしたプールの冷却作用の実態を示すもので、棒添加時の棒の溶融と棒への熱伝導で棒のＢ点温度は急

図3-27 溶接棒の添加操作

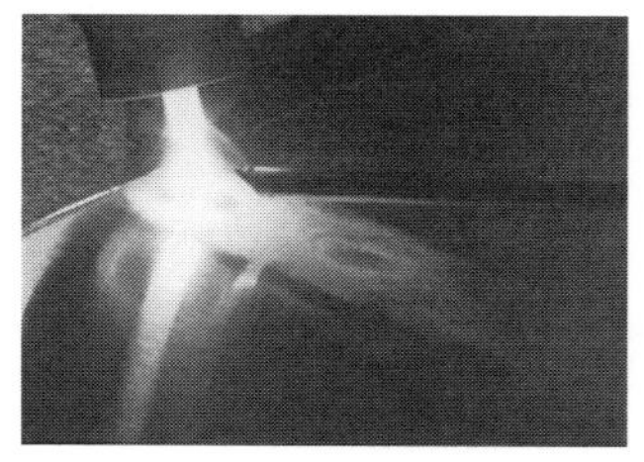

（a）添加前

（b）添加時

速に上昇します。その結果、プール直下の母材A点温度は図3-28のように下がり冷却効果が得られます。

❸棒添加による冷却作用の効果

図3-29は、棒添加によるプール冷却作用を実用継手の溶接で確認した結果です。板厚3mmアルミニウム合金板の交流TIG片面溶接において溶接棒を使用しない溶接では、作業者は溶接線各位置での加熱状態に合わせ図の破線に示すような速度変化を行うことで開始から終端まで表・裏ビード幅とも均一な溶接結果を得ています。

これに対し、同じ作業者が溶接棒を使用して溶接を行った場合では、図3-29の実線のように、棒なしの溶接のような連続的な速度変化を必要としなかったことがわかります（こうした効果は、熱伝導の良いアルミニウム材の溶接で特に顕著です）。いずれにせよ、TIG溶接では、棒添加操作によるプール冷却作用を十分に考慮に入れた作業を行う必要のあることがわかります。

図3-28　溶接棒の添加によるプール冷却作用

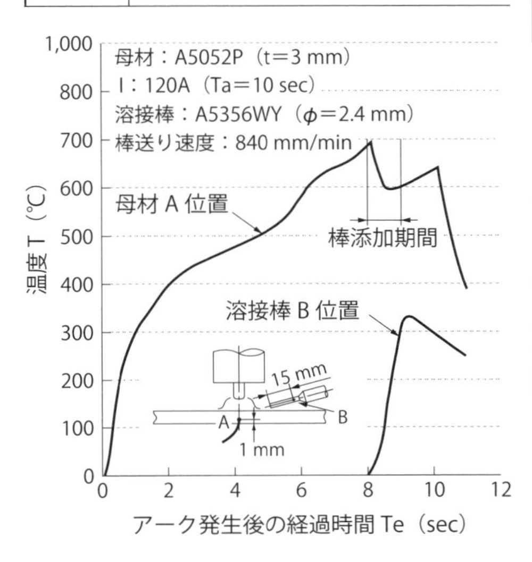

図3-29　板厚3mmアルミニウム合金板片面溶接での棒添加効果

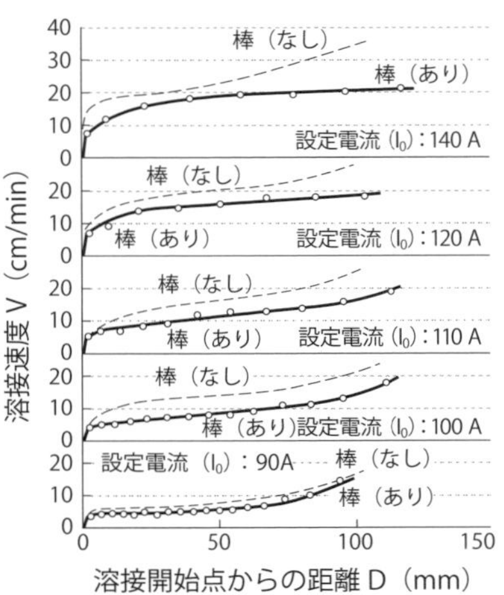

要点 ノート

TIG溶接による開先内肉盛り溶接などの場合、作業者は、熱源と切り離された溶接棒をプールに挿入して棒の先端部を溶融させ母材に添加します。この操作でのポイントは、棒の溶融はアーク熱源でなくプールの保有熱で行うことで、この操作によりプールが棒の添加で熱を奪われ冷却されることです。

MAG、MIG溶接の基本作業

MAG、MIG溶接などの半自動アーク溶接では、細い径のワイヤに比較的大きな電流を流すため、ワイヤの溶融量が多くプールの溶融金属量が多くなります。

❶下向き溶接での溶接姿勢

図3-30が、MAG、MIG下向き溶接の適切な溶接姿勢です。溶接作業ではヘルメットを利用し、空いた左手をトーチに添えてひじを肩の高さまで上げ、溶接トーチの上下やトーチ保持角、ワイヤ突き出し長さを変化させることなく水平に移動できるよう構えます。

❷アーク発生とトーチ操作

図3-31のアーク発生は、①トーチを開始端から終端まで何度か移動させ、移動に無理のないことを確認します、②ワイヤの突き出し長さを15mm程度でカットし、図3-30の姿勢でワイヤ先端を溶接開始位置に接触させます、③ヘルメットを下げ、空いた手をトーチに添え、トーチスイッチを押してアークを発生させます（ヘルメットで真っ暗の中、バチィの音とともに強い光を出しアークが発生します、驚かず、肩に力を入れない状態で開始時の状態を保持します）、④開始位置でアークを適正に保持していると、アーク直下に形成されるプールが広がるとともに溶融金属が盛り上がってきます（**図3-32**）。

❸ストレートのビード溶接

MAG、MIG溶接で、溶接線に沿ってストレートにビード溶接する作業では、溶接線が見やすくビードが平坦に仕上がる前進角の溶接が広く利用されま

図3-30　下向き溶接の溶接姿勢

す。この溶接では、溶融金属がアーク先行しやすいため、常に溶融池の先端でアークを発生させ、「パチィ・パチィ」の濁りのない連続音が保てるよう、やや早い速度で溶接します。一方、後退角の溶接ではビードの盛り上がりに注意し、アークを小さく横方向にウィービングさせながら溶接します。

❹ウィービング溶接の場合

図3-33はMAG、MIG溶接でのトーチ操作を示すもので、幅の広い溶接を行うためのウィービング操作には（b）のギザウィービング操作や（c）のグリウィービング操作があります。

図3-31 アークの発生

図3-32 プールの形成

図3-33 MAG、MIG溶接でのトーチ操作

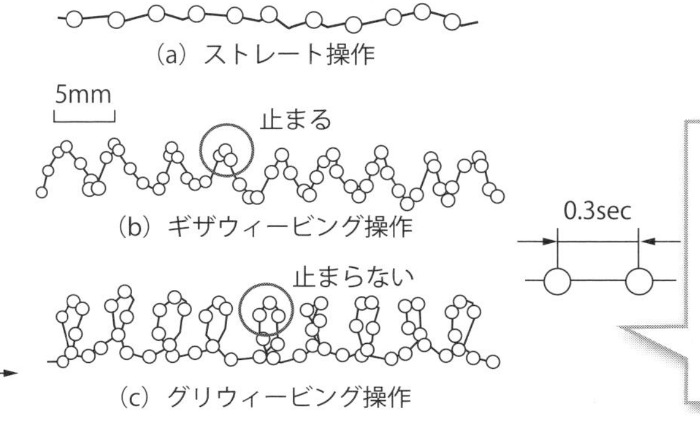

基本的には操作の両端で止めの入るギザウィービング操作が用いられるが、欠陥を発生させない溶接にはグリ操作の溶接が有効となる。

要点 ノート

プールの溶融金属量が多くなるため、溶接中のトーチの保持状態や移動操作などによりアークと溶融金属の位置関係が変わり、溶接結果が左右されます。したがって、作業はこうしたことに注意して進めます。

MAG、MIG溶接作業の注意点

アーク溶接における重要な作業ポイントである「アーク長さを一定に保つ」操作は、MAG、MIG溶接では溶接機の電圧を設定することでほぼ一定に保たれます。

❶トーチ保持角の変化が溶接結果に及ぼす影響

溶接では、トーチ保持角は90°の垂直が理想で、この状態付近で最大の溶け込みが得られます。ただ、人が行う半自動の作業では、プールの状態や溶接線を確認するためトーチを傾けて保持します。

図3-34は、トーチを傾けて溶接した場合のトーチ保持角が溶接結果に及ぼす影響を示したものです。(a) の後退角の溶接では、アークで溶融金属はプール後方の凝固金属側に追いやられ、アークによる母材の直接的な加熱で本来なら溶け込みは深くなるはずです。しかし、アークが傾くことで熱源の母材を加熱する効率が悪くなり、やや溶け込みは深さは浅くなります。一方、図3-34 (b) の前進角の溶接では、アークが傾くことで母材を加熱する効率が悪くなるとともに溶融金属がアーク直下に潜り込み、溶け込み深さはさらに浅くなります。

なお、ビードのシールド状態に着目してみると、前進角の溶接の優れていることが確認できます（こうした効果は、アルミニウム合金のMIG溶接などで、特に有効となります）。

図 3-34 トーチ保持角と溶接状態

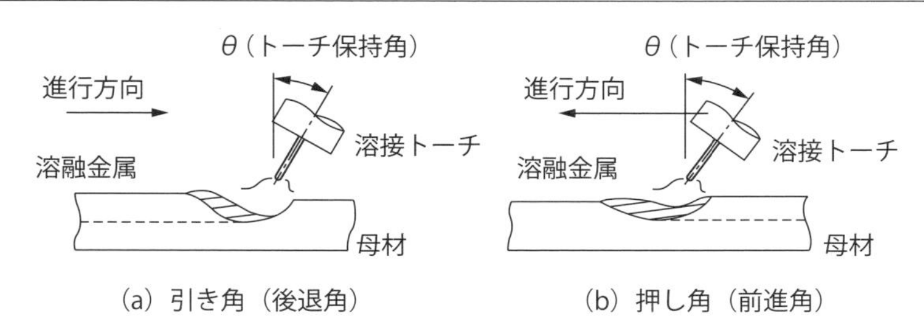

❷ワイヤ突き出し長さの変化による電流変化

MAGやMIGなど人が行う半自動の溶接では、トーチ保持角を大きくとって溶接すると、チップ先端から突き出しているワイヤの長さ（ワイヤ突き出し長さ）が長くなります。また、溶接中の手の上下でもワイヤ突き出し長さは変わります。

パルスを使用しない炭酸ガスMAG溶接では、このワイヤ突き出し長さが5mm変化すると約15A程度上下します（長くなると低下、短くなると上昇）。**図3-35**が、トーチ保持角と得られる溶け込み深さの関係を示したもので、同じ電流条件でも90°近くのトーチ保持角で最大溶け込み深さが得られ、トーチ保持角を付けた溶接では、得られる溶け込み深さは減少しています（なお、トーチを傾けることでワイヤの突き出し長さも変化すること考慮した溶け込み深さの変化は、図のように、その現象傾向はより顕著となっています）。

図 3-35　溶け込み深さに与えるトーチ保持角の影響

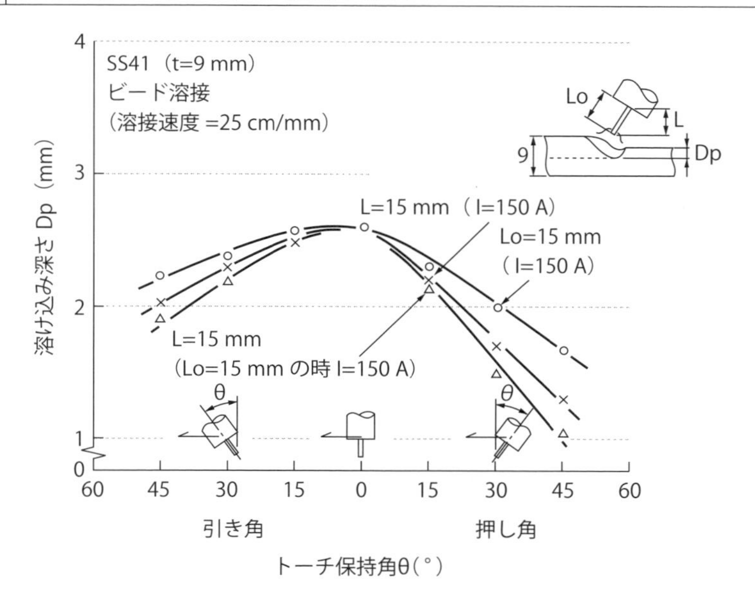

要点 ノート

作業中の体の動きによるトーチ保持状態の変化は、トーチ保持角やワイヤの突き出し長さを変化させ、これによる電流や溶接現象の変化で溶接結果も大きく変わってきます。

立向き姿勢での MAG、MIG溶接作業

ここでは、MAG溶接による立向き姿勢溶接について示します（MIG溶接の場合も、パルスMIG溶接で同じような作業が可能です）。

❶立向き姿勢での溶接姿勢

図3-36が、MAG、MIG立向き溶接での適切な溶接姿勢で、溶接トーチが母材面に対して直角が保てるよう、写真のように体を母材面に対し斜に構えます。

❷ストレートのビード溶接の場合

立向き姿勢で、トーチを上方に進める上進溶接をすると、溶融金属は重力で垂れ、アークは溶融金属を介さず直接母材を加熱することとなります。その結果、大きい電流条件では母材をえぐるように溶融し、極端な凸形ビードや不連続ビードとなります。したがって、この溶接の場合、たとえば1.2mm径のワイヤでは、75～135A程度の小電流で溶接することが必要です（母材の厚板が厚くなるに従い、溶融金属が垂れない範囲で大きい側の電流を使用します）。一方、トーチを下に下げていく下進溶接では、下向き溶接の場合と同じ広い電流範囲で条件が選択できますが、電流の大きい場合は溶融金属の垂れを発生させない速い速度で下る必要があります（下進の溶接では溶け込みが得られにくく、強度の求められる厚板の溶接には推奨されません）。

図 3-36　立向き溶接の溶接姿勢

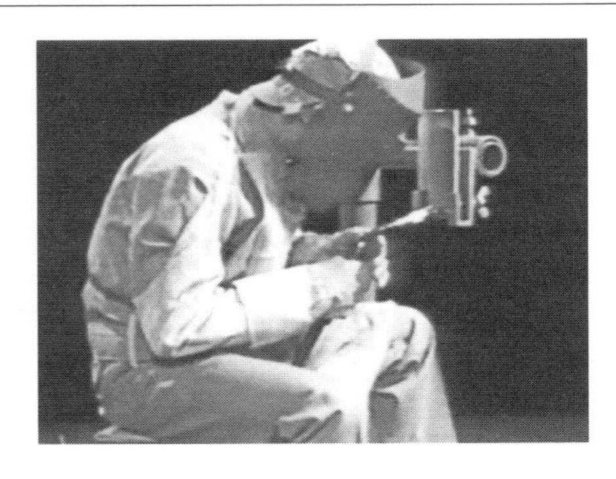

❸ウィービング操作溶接の場合

図3-37は、中厚板の立向き溶接で行う代表的なウィービング溶接のトーチ操作例です（上進溶接で、ストレートのビード溶接の場合より少し大きい電流で溶接します）。(a) は、やや深くて狭いV溝溶接の場合で、中央のルート部、開先壁面が確実に溶けるよう溶接します。一方、(b) は、やや深い台形溝の場合で、前層ビード面および開先面をアークでトレースするような操作で確実に開先面を溶融させながら溶接します。また、(c) の仕上げ層溶接のような浅い台形溝の場合は、長楕円のグリウィービング操作で溶接します。

図3-38は、こうしたトーチ操作で溶接した中厚板の立向き溶接結果で、(a) が図3-37 (a) および (b) のトーチ操作で、(b) が図3-37 (c) のトーチ操作で溶接されたもので、いずれもビードが平坦で確実に溶接面が溶かされ、良好な溶接結果となっています。

図 3-37　中厚板の立向き突合せ溶接のトーチ操作

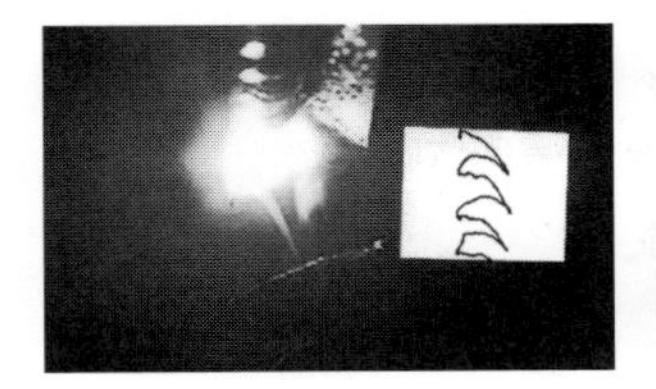

(a) 深く狭いV溝

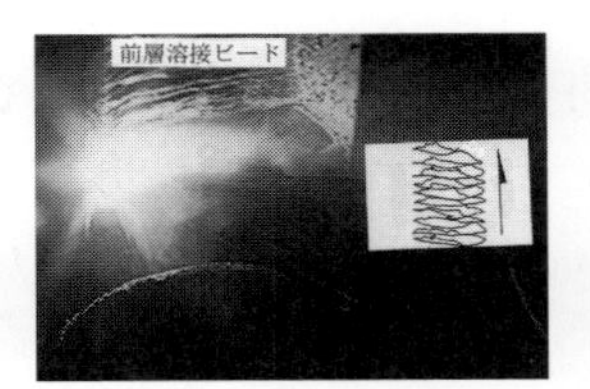

(b) やや深い台形溝

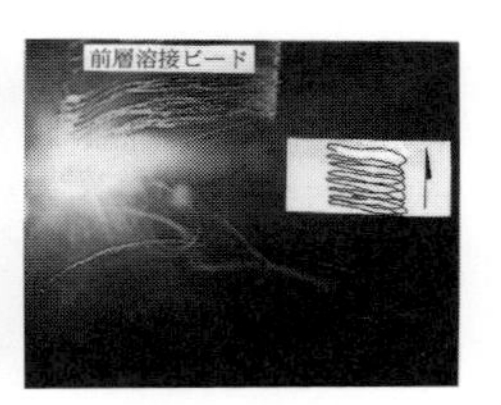

(c) 浅い台形溝

図 3-38　立向き突合せ溶接のトーチ操作

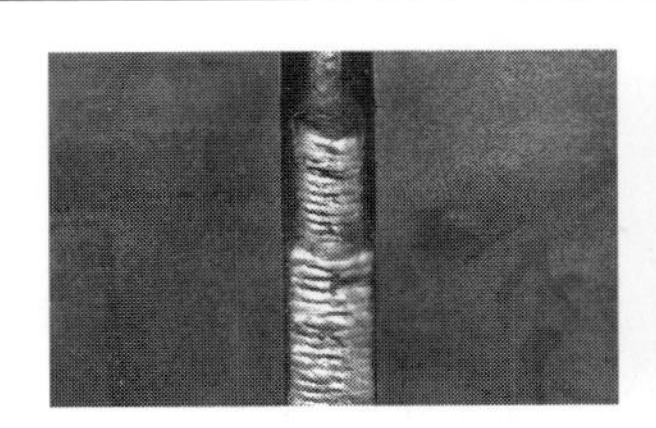

(a) 深く狭いV溝

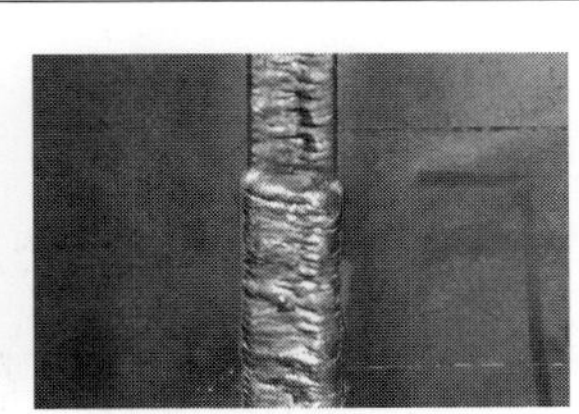

(b) やや深い台形溝

要点 ノート

MAG、MIG溶接による立向きや横向き、パイプなどの全姿勢の溶接では、短絡移行の溶接を利用することで比較的容易にしかも高能率にできるようになります。

横向き姿勢での MAG、MIG溶接作業

ここでは、MAG溶接による横向き姿勢溶接について示します（MIG溶接の場合も、パルスMIG溶接で、同じような作業が可能です）。

❶横向き姿勢の場合

図3-39がMAG、MIG横向き溶接での適切な溶接姿勢で、体は母材面に対し平行に構え、溶接トーチが母材面に対して水平に移動できるよう、写真のように構えます。なお、横向き溶接での溶接条件は、下向きと立向きとの中間の電流条件が目安となります。

図3-40が、横向き溶接でのトーチ操作と形成するビードの形状を模式的に示したものです。2層目以降の多パス溶接では、まず1パス目の溶接を、2パス目以降の溶接の溶融金属の垂れを防ぐためやや土手状のビードを作ります。

図 3-39　横向き溶接の溶接姿勢

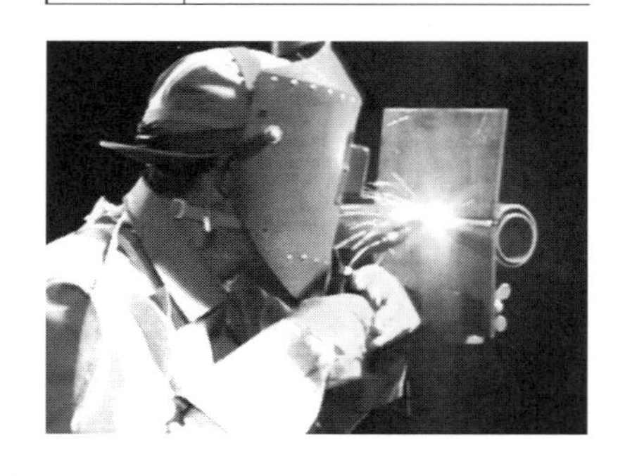

図 3-40　横向き突合せ溶接のトーチ操作

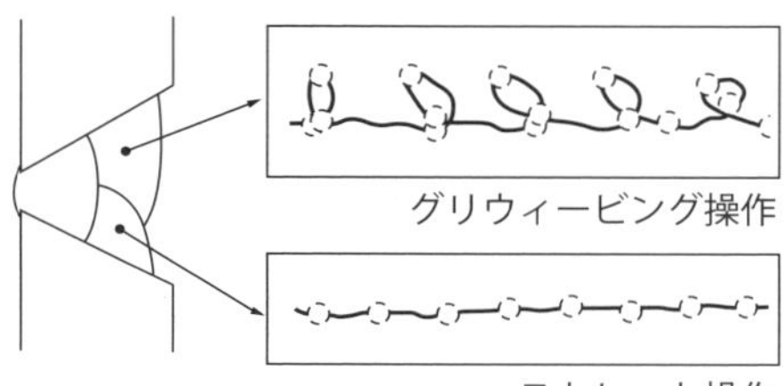

図3-41が、図3-40の2パス1層仕上げの溶接の1パス目の溶接状態で、やや低めの電流で下側のストレート操作もしくは上側のグリウィービング操作を小さく行い溶接します。また、**図3-42**が2パス目の溶接状態で、残った開先を埋め切れるよう少し傾けたグリウィービング操作で溶接します（この場合、1パスの溶接で残った開先を埋め切れない場合は、1パスの溶接が過大な溶融にならない程度の振り幅でビードを重ねて1層を仕上げます)。

図3-43は、厚板の横向きV形突合せ溶接の溶接結果例で、①開先溝の壁面および前層ビード表面が確実に溶かされ、②それぞれのビードには大きな垂が見られず、ほぼ平坦に重ねた溶接が行われていることがわかります。

図3-41 横向き突合せ溶接の1パス目溶接

図3-42 横向き突合せ溶接の2パス目溶接

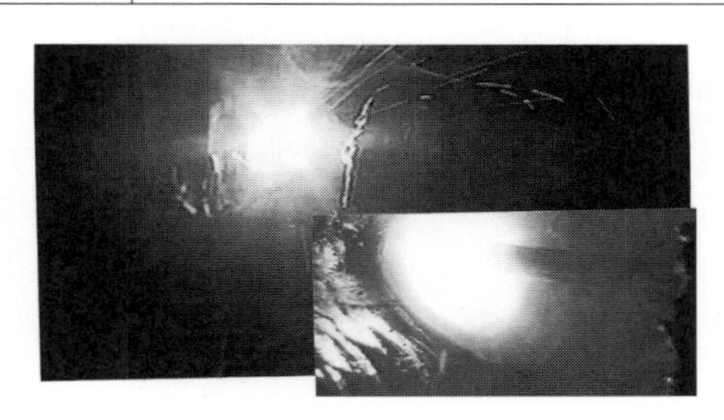

図3-43 厚板横向きV形突合せ溶接結果

要点 ノート

MAG、MIG溶接による立向きや横向き、パイプなどの全姿勢の溶接では、短絡移行の溶接を利用することで比較的容易に、しかも高能率にできるようになります。

MAG、MIG溶接による すみ肉溶接作業

溶接作業の中でも多く行われるスミ肉溶接は、水平材とこれに垂直に設定された垂直材のコーナー部（ルート部）を確実に溶かす溶け込みと、必要な溶着金属を与えて接合する溶接です。

❶下向きすみ肉溶接

板厚6mm程度までのこの溶接では、継手に必要な溶着金属の量から、可能な範囲で高電流・高速度の条件を選び、やや前進角のストレート1パス1層で溶接します。なお、製品の板厚が厚くなれば、**図3-44**に示すように、第1層はルート部を確実に溶かすストレート1パス1層で溶接し、2層以降はウィービングで1パス1層、数パス1層の溶接を重ねて行います。

❷水平すみ肉溶接

この溶接での基本的な溶接条件や溶接操作は、上の下向きすみ肉溶接の場合とほぼ同じです。ただ、水平姿勢となったことによる溶融金属の垂れを発生させないよう、ウィービングによる溶接は基本的には行わず、ストレートの1パス1層、数パス1層の溶接を重ねて行います。

この溶接を1パス1層の溶接で仕上げたい場合は、溶着金属量が多くなることで溶融金属が垂れ、水平材でオーバーラップ（溶接操作によっては垂直材にもアンダーカット）を発生し、良好な溶接結果が得られません。そこで、**図3-45**のようにワイヤの先端をルート部より3～5mm手前を狙い、45°より少し水平材側にねかし、ゆっくりとした速度で必要な溶着金属量の溶接を行います。ただ、この溶接ではルート部も確実に溶ける大電流の溶接が前提で、水平材側に不等脚のビードが発生してしまうことがあります。

図3-44　厚板の下向きすみ肉溶接

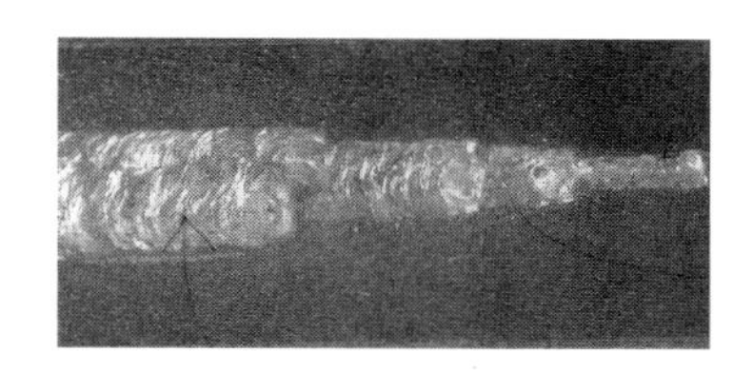

一方、多パス仕上げの溶接では、トーチは基本的にはルートもしくは前層ビード止端部を狙い水平母材、垂直母材に対し45°の前進角の溶接を行います(ただ、溶融金属の垂れやビードの重なり状態により、アークの狙い位置や速度を変えて溶着金属量を調整するなどの工夫が必要となります)。

❸立向きすみ肉溶接

この溶接では、①板厚3mm以下の場合は、**図3–46**（a）に示すように下進ストレートの1パス1層溶接、②板厚3～6mmの場合は、（b）に示すように上進ウィービングの1パス1層溶接、③板厚6mm以上の場合は、（c）に示すように第1層は上進のストレートもしくは小さなウィービングでルートを確実に溶かし、2層以降は上進のウィービングで1パス1層、数パス1層の溶接を重ねて行います。

図 3-45　中板の水平すみ肉溶接の場合

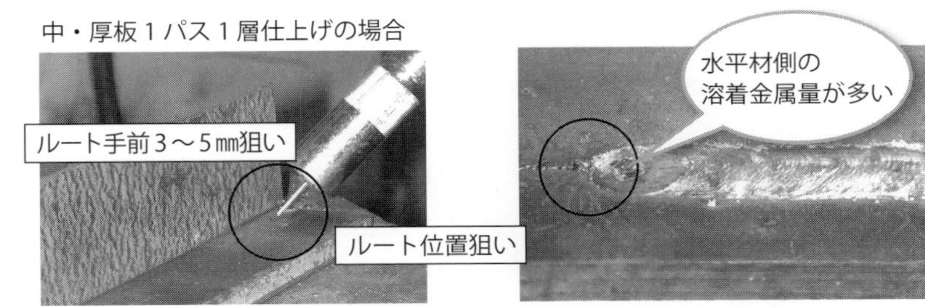

（a）トーチ保持　　（b）溶接結果

図 3-46　各種板厚の立向きすみ肉溶接

（a）板厚 3mm
下進 1 層仕上げ法

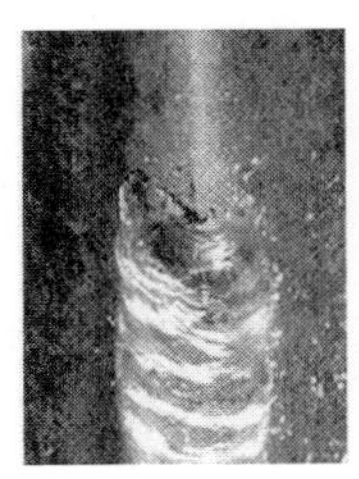

（b）板厚 6mm
上進 1 層仕上げ法

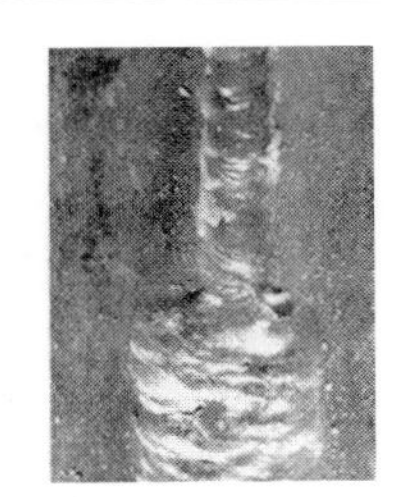

（c）板厚 9mm
上進 2 層仕上げ法

要点　ノート

すみ肉溶接は、基本的には下向きや水平の姿勢で行われますが、製品の形状によっては立向きなどの姿勢でも行われます。

ロボットによる溶接作業

溶接作業においては、「暑い」などの作業環境から人を開放することを目的に、ロボットを利用する溶接が広く利用されるようになっています。特に最近の溶接作業用ロボットは、固定軸に手首やひじのように自在に動かせる関節機能を3～5個持った自由度の高い多関節型のものが開発され、自動車製造などを中心に広く利用されるようになっています。

❶ロボット溶接の導入

ロボット溶接の導入に当たっては、①同じ溶接が繰り返しできること（ある程度の数のある製品であること）、②溶接線に対する熱源位置のずれに対して許容があること、③溶接中に溶接不良などを発生しにくい継手であること、などの条件を十分に検討して決定することが必要です。

こうした条件を満足させるには、①前加工での溶接継手精度の向上、②**図3-47**に示すような溶接線を固定するための拘束治具の工夫、③正しい溶接位置の各種センサーによる検出、などの方法が考えられます。

しかし、いずれの方法の場合も、ロボット溶接導入の費用を大幅に引き上げてしまいます。こうした場合、「何が何でもすべての溶接を完全無欠でロボット溶接する」ことを目標とせず、むしろ「部分的な欠陥発生は人が補修する」といった方法なども念頭に置いておくとロボット導入が容易となり、思わぬ導

図 3-47 ロボット溶接における拘束治具の工夫

(a) 溶接前

(b) 溶接中

入効果の得られることも多いのです。

❷ロボット溶接での教示作業

ロボット溶接作業では、溶接中に溶接線が動かないよう製品を拘束治具で固定します。次に、実製品の溶接線を直線部、一定半径ごとの円弧部に分割、それぞれの始端と終端の位置情報を教示するとともに溶接条件、熱源操作法も合わせて教示します。その後は、製品のセットと作業開始ボタンを押すことの繰り返しで作業が進められます。

図3-48が、ロボット溶接での教示作業例で、①溶接線の中で、連続する直線あるいは曲線で進める部分の開始点、終了点を決める（図のA～D点）、②直線で進める開始点（A）、終了点（B）を図3-48（b）のように熱源の位置と一致させ、それぞれの点を教示する、③同様の方法で同一曲率の曲線部（B～D）を教示する（3点を示すことでロボットが曲率を求めて動きます）、④各区間の溶接条件、熱源操作を教示する、④溶接トーチヘッドを教示原点に復帰させ、溶接を開始する、といった手順で行います。

❸溶接条件の教示

ロボット溶接での溶接条件は、先に示した一元化条件設定グラフのようなものを作成しておき、溶接中の何らかの変動でただちに欠陥溶接とならないよう許容範囲のある条件を見出し、その範囲の中間条件に設定しておくことが望まれます。なお、溶接条件で許容を持たせることがむずかしい場合は、熱源操作の教示で許容を持たせるようにすると良いでしょう。

図3-48 ロボット溶接での教示作業

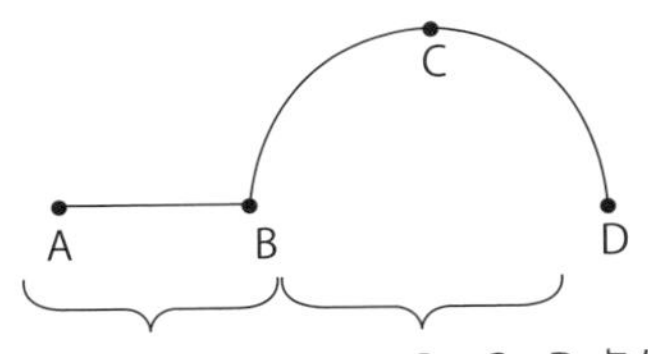

(a) 教示する溶接線の例

(b) 教示作業

要点 ノート

多関節型溶接ロボットを床や天井の走行レール上に乗せ、広い作業範囲を移動させることにより建設機械や造船などの溶接にも適応できるようになってきています。

人と機械の協調溶接

人の溶接では、刻々変化する溶接状態を常に確認し修正を加えることで、欠陥発生のない高品質の溶接を可能にします。一方、その溶接は、溶接線や溶接状態を確認しながらの溶接となるため、溶接速度は遅く不連続な速度での溶接となります。

❶協調溶接の概要

協調溶接というと、何か特別の溶接のように思われがちですが、実際には、ターンテーブルなどを利用して製品を自動走行させる方法で日常的に行われているものです。この溶接では、作業者は熱源を常に溶接線に合わせていくだけで基本的な作業が可能となり、溶接作業が楽になります。さらに、機械が一定速度で移動することで、外観の良い一定品質の溶接結果が得られやすくなります。ただ、こうした人と機械の単純な組合せの溶接では、作業は楽になるものの高品質の溶接結果を得るための熱源操作や溶接棒の添加操作などは作業者の持つ技能や経験にゆだねられます。そこで、この溶接法をより広い目的に使えるようにするには、溶接過程で作業者が行う熱源の操作などをデータとして取

図 3-49 協調溶接のためのシステム例

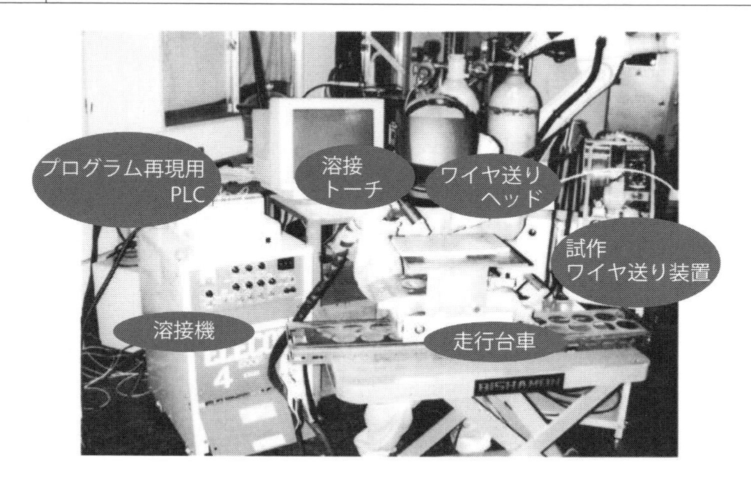

り出しプログラム化し、これを協調溶接に反映させるシステムの構築が必要となります。**図3-49**が、こうした溶接を可能とするプログラム化協調溶接の装置例です。

❷プログラム化協調溶接とその有効性

プログラム化協調溶接は、①熟練作業者がトライアル溶接で良好な溶接結果を得るために行った電流や速度の変化状態を計測します、②得られた結果を解析し、各溶接位置での変化状態をブロック化し再現溶接用プログラムにします、③再現溶接用プログラムでトライアル溶接し、プログラムの補正を行います、③補正した再現溶接用プログラムを使用し、一般作業者が熱源を溶接線から外さないよう保持させる状態で協調溶接を行います。

図3-50が、一定速度で回転させた肉厚2mm、外径45mmアルミニウム合金管の突合せ溶接のプログラム化協調溶接（溶接の開始から終了までの電流変化のプログラムを6段階に分けて溶接したもの）。

溶接結果を他の溶接のものと比較して示したものですが、母材各位置の加熱状態に合わせて電流を変化させたプログラム化協調溶接では、他の溶接に比べ開始から終端までほぼ一定幅の裏ビードが形成されており、その有効性がわかります。

図 3-50　溶接法の違いによるアルミニウム合金管突合せ溶接結果の差

	裏ビードの形成状態 溶接開始位置からの距離 D〔mm〕		
	0〜47	47〜94	94〜141
I=75 A （一定電流溶接）	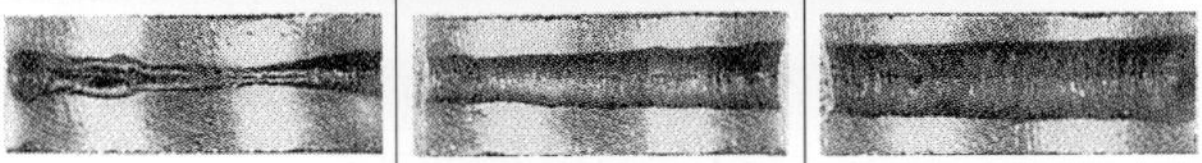		
I=40〜90 A （一定パルス溶接）	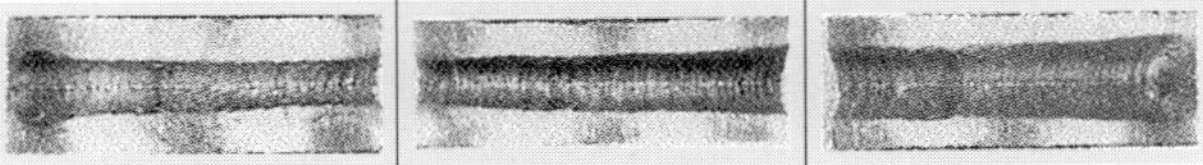		
I=20〜90 A （プログラム化溶接）	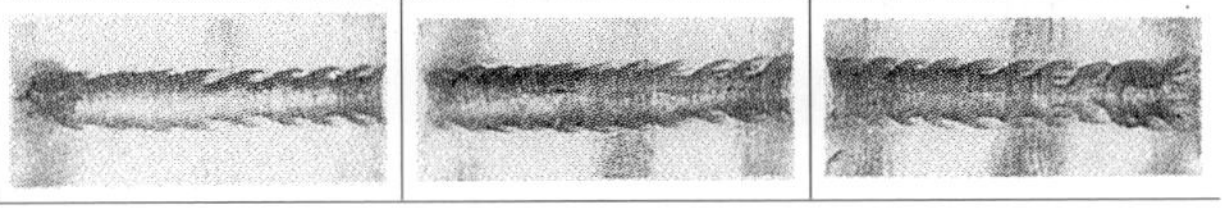		

要点 ノート

ロボットや機械による自動溶接では、人の溶接とまったく逆の特徴をもっており、両者を協調させる溶接を行えば、互いの利点、欠点を補い合う溶接が可能になると考えられます。

スポット溶接作業

スポット溶接は、正確には電気抵抗スポット溶接と呼ぶべき方法で、**図3-51**のように溶接用電源に接続された通電用銅電極の間に2枚の金属板を重ね合わせた状態で設定、その後の通電による抵抗発熱で重ね部を溶融させ接合しようとする方法です。

❶各種電気抵抗溶接

電気抵抗溶接法の基本はスポット溶接ですが、応用的な接合法としては、①電極を円盤状にしてスポット溶接点を連続的につないでいくシーム溶接、②接合の安定性を高めるため、片側の材料の接合部に突起を成形し、1点に抵抗発熱を集中的に生じさせて接合するプロジェクション溶接、③接合界面にろう材を置き抵抗発熱でろう付けを行う抵抗ろう付け、などがあります。

❷電気抵抗スポット溶接の溶接条件

電気抵抗スポット溶接の溶接品質は基本的に、加圧力、電流、通電時間の条件設定で決まります。それぞれの条件の変化が溶接現象に与える影響を示した

図 3-51 各種抵抗溶接

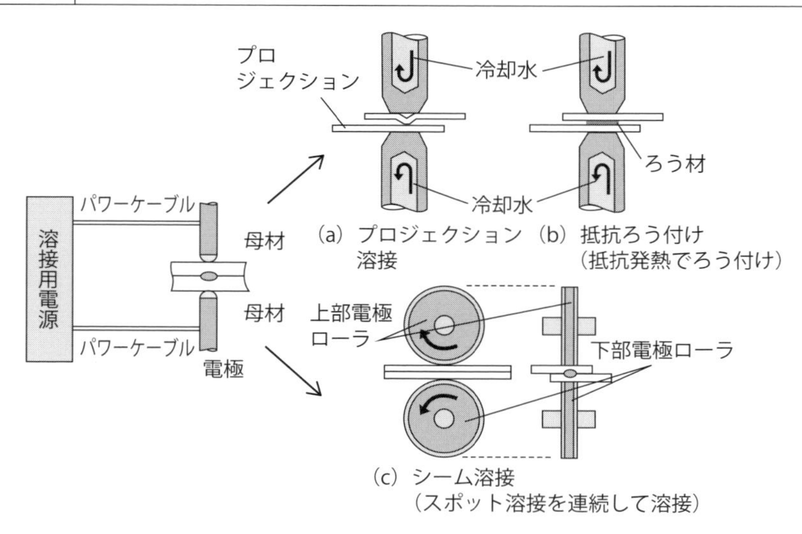

ものが図3-52で、製品の品質要求に見合う適正な条件設定が必要です。この場合、それぞれの条件は互いに関連し合って作用します。すなわち、①加圧力については、小さすぎると接触不良による通電不足、大きすぎても接触面積を拡大し電流密度を小さくすることで入熱不足による接合不良の原因になります。

また、②溶接電流に関しては、大きすぎると溶融部が大きくなり接合強度は高められますが、溶接の繰り返しにより電極先端の変形が進み、外観品質の低下や電流密度の低下を発生するようになります。さらに、通電時間の適正設定や電極先端通電部形状の一定保持などの注意も必要です。

なお、これらの条件パラメータは、溶接する材料の特性などによっても変化します。したがって、その条件設定は、①JISなどに示されている標準条件表を参考に、要求される品質を考慮してその目安の条件を選定します、②選定した条件で試しの溶接を行い、剥離試験などでその品質をチェックします、③各パラメータの溶接品質に与える影響を参考に、条件を補正し適正条件を決定します、といった手順で設定すると良いでしょう。

図 3-52 スポット溶接の溶接条件

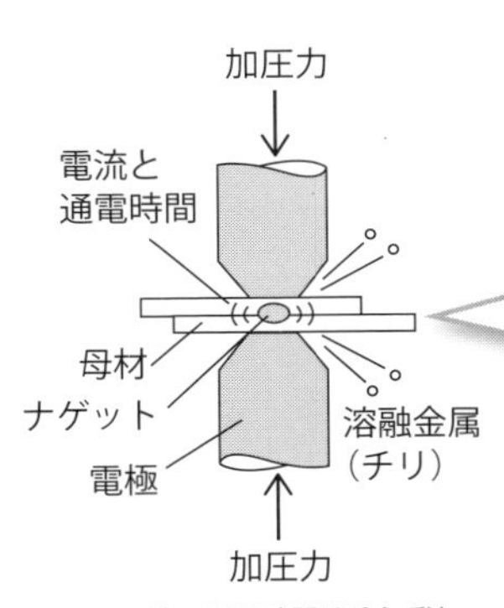

※加圧力、電流、通電時間はそれぞれに関係し合って溶接結果を左右する。したがって、これを考慮した条件設定、シーケンスが必要。

加圧力
過小：接触不足による通電不足（ナゲット形成不足による強度不足）、溶接中の押え不足でチリ発生（欠陥発生で強度不足）
適正：良好なナゲット形成で適性品質
過大：接触過大による抵抗発熱不足（ナゲット形成不足で強度不足）、表面に凹の発生（外観品質の低下）

電流
過小：ナゲット形成不足による強度不足
適正：良好ナゲット形成で適性品質
過大：チリや表面に凹の発生で品質不良

通電時間
電流との関連で入熱の大きさを左右してナゲット形成に影響（凹やチリの発生にも影響）

要点 ノート

接合部に割れやブローホールなどの欠陥を発生しやすいアルミニウム合金材や、ボンド部に脆い組織を形成する合金鋼のスポット溶接では、溶接前後での加圧力の変化や溶接中の電流のアップスロープ、ダウンスロープ、溶接後の組織改善通電など、溶接条件の適正シーケンスの設定が必要となります。

レーザ溶接作業

近年、光を細く収斂させたレーザが、溶接用の熱源として利用分野を広げています。レーザは、媒質を介して集光性の良い同一波長の光を取り出し、レンズで細く収斂させ、きわめて高いエネルギー密度の熱源としたものです。

❶各レーザ熱源の特徴

気体レーザの代表的なものが炭酸ガスレーザです（この方法で得られる熱源の光は伝送する手段がなく、固定した製品もしくは熱源をNCテーブルなどで高精度に移動させて溶接なり切断を行なう必要があります）。したがって、炭酸ガスレーザは、切断加工には広く利用されるものの、溶接に関しては比較的溶接線の長い製品の高速溶接など、適用される作業が限定されます。

これに対し、YAGやディスク、ファイバなど固体レーザでは、光ファイバで光を伝送でき、TIG溶接と同じように手動やロボットの溶接が可能になります。**図3-53**が、YAGレーザによる手動の溶接状態です（作業者は溶接中のプール状態の確認がむずかしいことで、ガイドなどを利用し溶接線を確実に追いながら溶接を進める必要があります）。

❷レーザ溶接の溶接条件

図3-54は、炭酸ガスレーザを利用した溶接の溶け込み深さを、出力と速度の関係で求めた結果です。図3-54のようにレーザ溶接条件は、出力と速度の適切な組合せで基本的には決まり、その設定により薄板から厚板までの高能率

図 3-53 YAG レーザによる手動溶接

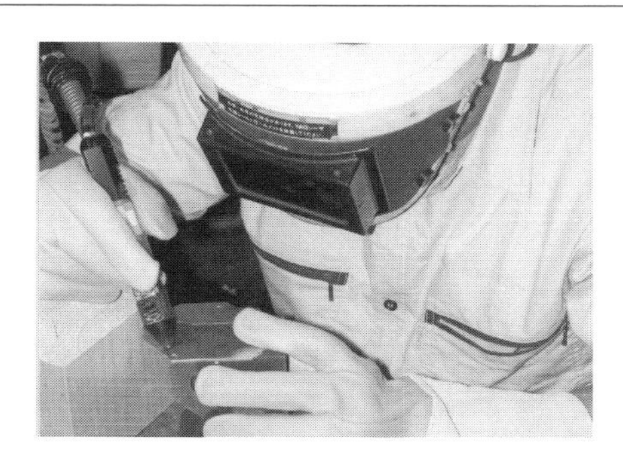

溶接が可能になります。なお、その溶け込みは、光の焦点位置や光の形状を調整することで、深く鋭いくさび状からTIG溶接に近い皿状にまで変化でき、目的に合った溶け込み形状の溶接がひずみ発生の少ない高速度の溶接で可能となります。

❸レーザ溶接作業での注意点

レーザ溶接では、目的の溶接位置に光の焦点を合わせるためミラーが使用され、このミラーが溶接中に溶接部から発生する金属蒸気などで汚れて機能を低下させ、溶接品質のばらつきを生じさせます（ミラーの直接の汚れだけでなく、ミラーを保護する保護ガラスなどの汚れでも影響されます）。

こうしたことから、日々のトーチ周りの点検や溶接品質のチェックを習慣づけることが必要で、光の反射による人や物への災害発生にも細心の注意を払うことが求められます。

図3-54 炭酸ガスレーザ溶接の溶け込みに及ぼす溶接条件の影響

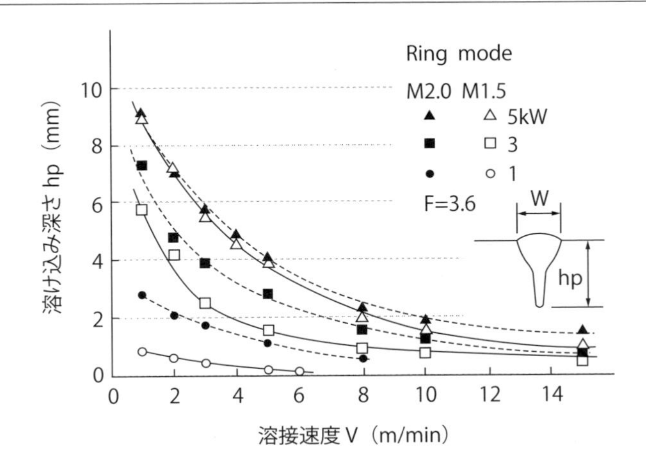

要点 ノート

同一波長の光を取り出す媒質として、混合ガスを使用する気体レーザとイットリウム・アルミニウム・ガーネット（YAG）といった鉱石を使用する固体レーザに大別されます。

溶接の品質保証と管理技術者資格

❶品質保証の流れ

図3-55が、ものづくり製品における品質保証の流れを示すものです。受注時に、上記3項目の仕様を明確に設定し、前工程を経て製品製作に入ります。なお、製作された製品は品質評価を受け、図のように合格、不合格品に類別されます。不合格品は、さらに格下げ合格で製品となるものと補修により合格品に到達できるもの、再製作が必要なものに分けられ、それぞれの方法で製作、品質評価を経て製品となります。

❷溶接技術管理者による管理

溶接を利用するものづくりの品質管理においては、溶接施工要領書（WPS）などの作成からWPSに基づく作業管理に対し、適切な溶接管理技術者を置くことが品質要求で求めています。

この溶接管理技術者の資格に関しては、国際溶接学会の指針に基づき**図3-56**に示す4段階の資格が規定されています（これにともない、わが国でも、日本溶接協会の定める教育と試験で特級、1級、2級の資格が取得できるようになっています。また、**図3-57**は、日本での溶接資格の国際化の試みを示す

図 3-55　ものづくり製品における品質保証の流れ

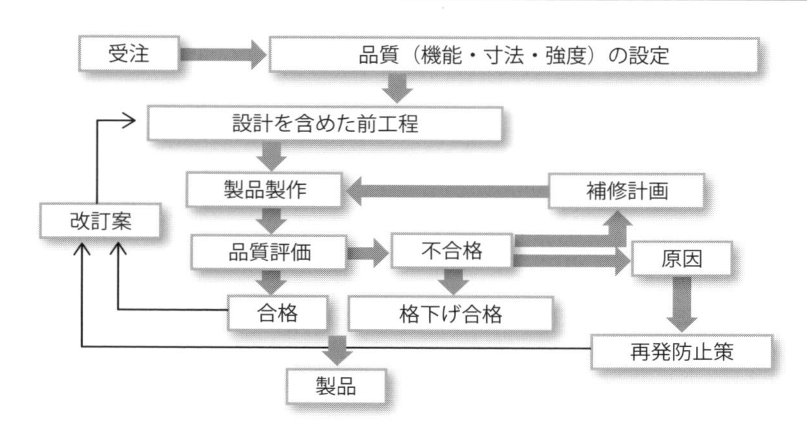

ので、溶接技術者に関しては国際資格との整合をはかり、必要な内容の教育を受けることで特級ではIWE、1級はIWT、2級はIWSの資格取得が可能になっています。

図 3-56 溶接管理技術者の国際資格

資格（資格は4段階）	資格条件(国際資格には学歴条項がある)	指定機関で必要な教育
①国際溶接エンジニア（IWE）	理工系4年制大学卒業で経験5年以上	446時間
②国際溶接テクノロジスト（IWT）	理工系短大、工業高専卒業で経験5年以上	340時間
③国際溶接スペシャリスト（IWS）	工業高校卒業で経験5年以上	222時間
④国際溶接プラクティショナー（IWP）	経験10年以上	146時間

図 3-57 溶接資格の国際化

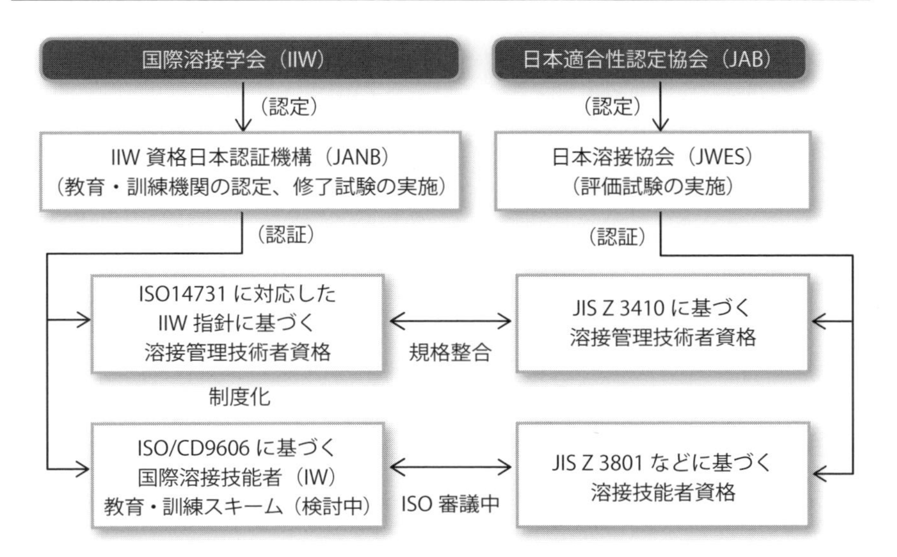

要点 ノート

製品を購入し使用する者にとって、製品の品質保証は、目的の機能が安定して得られるかどうかといった点できわめて重要です。基本的に製品に要求される品質は、①製品が持つべき機能、②寸法精度、③製品の強度品質です。

組付方法による寸法精度の高品質化

品質保証で求められる要求事項の中の寸法品質に関しては、溶接で組み立てられる製品の場合、①組付時の誤差、②溶接によるひずみ（変形）の発生、の問題があります。

ここでは、組付方法による高精度化について示します。

❶部材位置決めの高精度化

従来、ものづくりにおける部材の位置決めは、図面から部材の位置を読み取り、それを組み付ける部材にマーキングし、マーキング位置に部材を合わせるといった手法で行われてきました。ただ、こうした方法では、各段階で人的なミスを生じさせ、寸法精度不良を発生させます。

そこで、最近の3次元CAD図面データを利用するレーザマーキングの採用や、CAD図面データを取り込んだ加工機による**図3-58**のような継手を採用することで、高精度な部材の位置決めが可能になります。

❷板金加工的ものづくりによる高精度組付け

最近、CAD図面データを利用した個々の部材のバラシや曲げ加工、高精度組付継手の採用などを組み合わせて利用するものづくり（板金加工的ものづくりと呼ぶ）により、溶接による高精度組立品の製作が可能になっています。**図**

図 3-58　高精度の部材位置決め例

3-59が、こうしたものづくり手法で製作しようとする製品の一例です。

従来、こうした製品は、個々に加工された部材を溶接で仮組みし、本溶接されることで製品化されてきました。こうした手法では、仮組み時の誤差や多くの溶接箇所によるひずみの発生で製品精度を保つことがむずかしくなります。

これに対し、図3-59に示す板金加工的ものづくりによる方法では、溶接箇所をできる限り曲げ加工に置き換え、溶接部の組付けも図中に示すようなホゾ継手を利用することで、高精度で剛性に富む組付けができ、高精度溶接組立製品の製作が容易に可能となります。

❸板金加工的ものづくりの有効性

図3-60が、板金加工的ものづくりを中板溶接製品に適用した事例で、最終の本溶接まで行った製品を従来的な手法ものと比較して示しています。(a)の板金的ものづくりによる製品では、(b)の従来法のものに比べ部材点数が少なく、構造が簡素化され製品のデザイン性が高められています。

図 3-59 板金加工的ものづくりによる組付品例

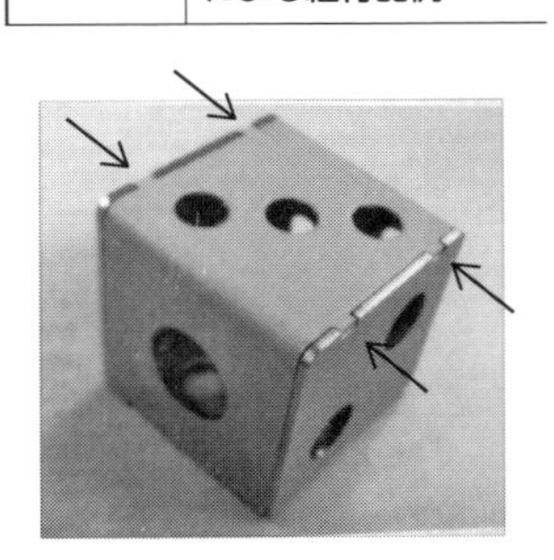

図 3-60 中板溶接品の組付法の影響

(a) 板金的加工法

(b) 従来法

要点 ノート

板金加工的ものづくりは、溶接箇所が少なくなったことで、①製品の製作時間が大幅に短縮できる、②製品寸法精度が確保されやすい、③製品強度が溶接部の品質に左右されず、溶接部の検査の必要性が少なくなる、などの効果が明瞭に期待できる結果となっています。

溶接ひずみ対策による寸法精度の高品質化

溶接組立品の寸法精度維持で、常に問題となるのが溶接によるひずみの発生です。ここでは、溶接ひずみの発生メカニズムから、その防止法やひずみ取り作業について示します。

❶溶接ひずみ、残留応力の発生メカニズム

溶接によるひずみや残留応力の発生メカニズムは、**図3-61**に示すコンクリート壁（温度で変化しない）で固定されている中央の金属を加熱・冷却することで生じる変化から理解できます（実際の溶接品では、両側のコンクリート壁部分が熱の影響を受けない素材部で、金属が溶接部となります）。すなわち、

①図3-61（a）の状態で金属部を加熱すると、加熱された金属の原子と原子の結合力が弱まり、その分だけ原子と原子の距離が広がり、図3-61（b）の破線部だけ伸びようとします。

②この伸びようとする部分は、周囲のコンクリート壁で押さえられ、元の長さに圧縮されます（この時、加熱され高温の状態では、原子の結合力は弱く内部の原子の配列状態の変化でほぼ元の状態が維持されます）。

③加熱を停止し冷却していくと、加熱されたことで本来伸びるべき図3-61（c）の破線部だけ収縮しようとしますが、変形の生じていない両側の壁で固定され伸ばされた状態になります。

④冷却され結合力の回復した材料は、伸ばされた分を戻そうとする力を発生、この戻そうとする力が周囲母材の拘束力を超えると、変形となって表れます（変形発生に到らない場合は、材料内にその分だけ応力を発生し残留応力として残ります）。

図3-61　溶接ひずみの発生メカニズム

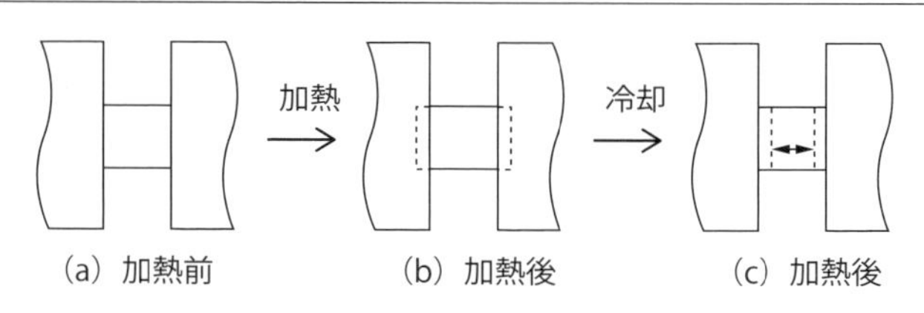

❷溶接ひずみの防止策

上述の溶接ひずみの発生は、製品の材料や形状、部材としての加工状態などによって個々に違います。したがって、製品に発生するひずみの量をできるだけ正確に把握し、そのうえで製品として許容される量までひずみの発生を抑える防止策が有効となります。防止策としては、①ひずみの発生を抑える適切な拘束治具、逆ひずみ（発生するひずみと反対の方向にひずませる）を付けるための治具の採用、②加熱状態を均一化する溶接順序の採用、③**図3-62**のようなひずみ発生の少ない継手の採用、④収縮する溶接金属量を減らす開先の採用、などの方法で対応します。

❸発生したひずみのひずみ取り

溶接組立品では、溶接によるひずみや残留応力の発生は避けられず、発生したひずみのひずみ取りや応力除去が必要となります。ひずみ取り作業は、①製品全体の形状をプレスで修正する、②収縮している部分をハンマーなどで叩いて伸ばし修正する、③伸びている部分を加熱・急冷処理（灸すえ）し、収縮させて修正する、などの方法で行います。

一方、残留応力は、①溶接後に機械加工するような製品では、加工による応力の局部的な開放で応力バランスが崩れ、加工による寸法精度の確保がむずかしい、②製品により、残留応力が強度に悪影響を及ぼす、といった問題を発生させます。そこで、これらの現象が問題となる溶接品では、「応力除去焼きなまし」のような熱処理が必要となります。

図3-62 継手の工夫によるひずみ対策

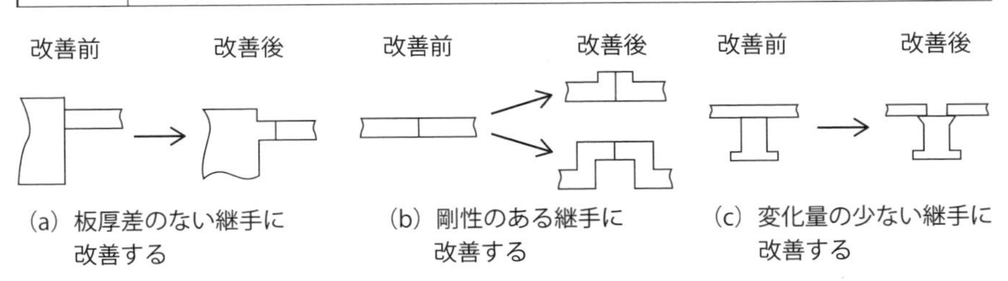

要点 ノート

個々の製品のひずみの発生防止策やひずみ取りの基本は、「製品あるいは試作品の製作段階で発生するひずみの量をできるだけ正確に把握し、記録しておく」ことで、そうした記録を次の製品のひずみ対策やひずみ取りに反映させることが、もっとも効果的なひずみ対策につながります。

強度品質保証のための破壊試験方法

溶接で組み立てられる製品の強度品質の保証に関しては、①素材の強さ、②溶接材の強さ、③溶接欠陥が溶接材の強さに与える影響、について検証しておく必要があります。ここでは、素材や溶接材の強さを調べる破壊試験方法について、概要を示します。

❶硬さ試験

硬さの測定は、先端が球や円錐あるいは角錐の硬い圧子を材料表面に押し付け、これによって表面にできる凹みの大きさで判定します（同じ力で圧子を押し付けた場合、硬い材料では凹みが小さく、逆に軟らかい材料では凹みが大きくなります）。測定される硬さは、硬さが硬いとその材料は強く伸びが少ないといった機械的性質と深い関係を示します。

こうした材料の硬さを知る方法には**表3-2**のようなものがあり、目的に合った方法を選んで使用します。なお、最近、製品に測定機を当てるだけで硬さの測定が可能な超音波硬さ試験機も開発されています。

❷引張試験

一定の形状に加工した板あるいは丸棒の試験片を試験機に設定、試験片が破断するまで徐々に引張り力を加え、材料の強さや破断する過程の荷重と変形量の関係を調べます（次項で詳しく解説します）。

❸曲げ試験および張出し試験

建物の柱と柱の間に設置されている梁（はり）のような部材では、中心部で撓む曲げ変形が発生します。このような変形を生じる部材では、**図3-63**のように内側

表 3-2　各種硬さ試験法

測定方法	特徴
ビッカース硬さ	微小部分の硬さや連続的に変化する硬さの分布が測定できる
ブリネル硬さ	材料の平均的な硬さが測定できる
ロックウェル硬さ	試験結果が硬さを表示し、簡便に硬さが測定できる
ショア硬さ	簡易に目安的な硬さが、製品で直接測定できる

の面では圧縮され縮む変形が、外側の面では伸びる変形が生じます。この場合、伸び変形を生じる側の材料表面に傷なり欠陥が存在すると、それらの欠陥から破壊の起点になる割れを発生します（こうした方法で、材料表面部の品質を調べるのが曲げ試験です）。

薄板材に同じような変形を与え、材料や溶接部の品質を調べる方法に張出し試験（エリクセン試験）があります。この方法は、周囲を拘束した材料の中心部を球状ポンチで上方に押し上げ、この部分の材料に全方向に均一な伸び変形を与える試験方法です。**図3-64**が、張出し試験を行った結果で、材料の破壊を材料の全方向から検証できるようになります。

❹衝撃試験

阪神大震災において、強いはずの鉄骨の一部がほとんど変形せず一瞬にして破断したことをうかがわせる破壊が生じました。このように、瞬時に最大荷重に達する衝撃的な荷重を受けると、伸びのない材料では、ほとんど変形せずもろく一瞬に破断に到ってしまうのです。こうした荷重が作用した場合の材料の脆（もろ）さ（脆性）を見出すのが衝撃試験です。

❺疲労試験

引張りや圧縮、曲げ、ねじりなどの荷重が繰返し加わる部材では、長い使用期間を過ぎたある日突然、通常の運転状態で破壊が生じ、動作不能やケガなどの災害発生につながることがあります。

図 3-63 曲げ試験例

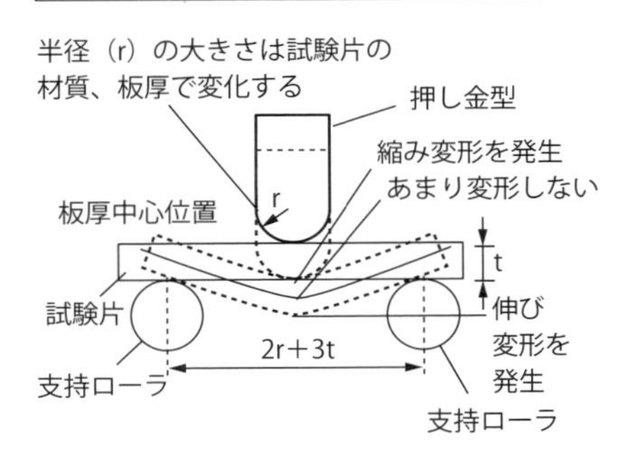

図 3-64 張出し試験結果例

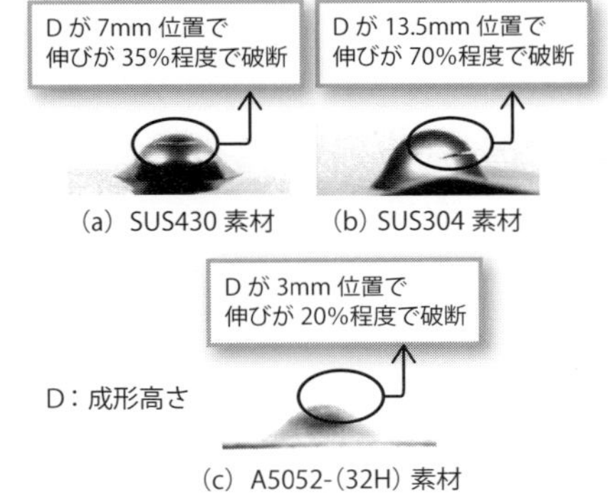

要点 ノート

繰返しの荷重による破壊（疲労破壊）は、静的ではまったく問題とならないような大きさの荷重であっても、繰返し加わることで生じることがあります。こうした荷重の作用する部材では、疲労試験を行い、その安全性を確認することが大切です。

静的荷重に対する材料の強さ

ここでは、品質保証の立場から、静的荷重に対する材料の強さについて示します。

図 3-65 荷重変形（応力ひずみ）線図

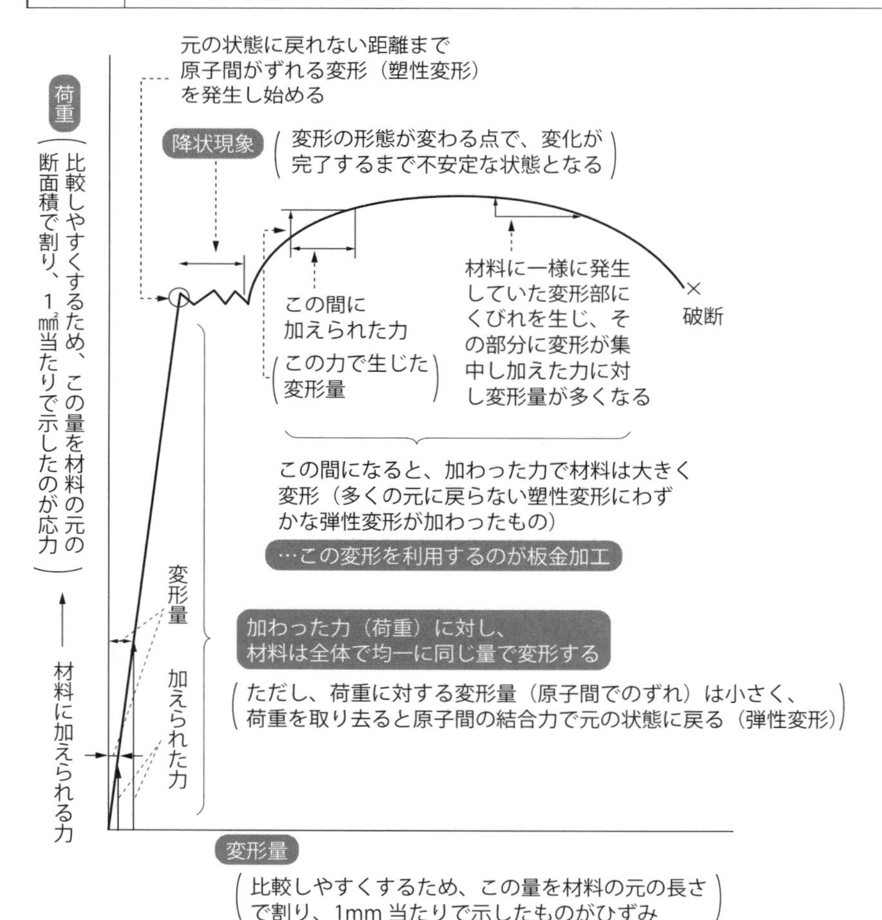

❶静的荷重による変化

金属材料にゆっくりと、徐々に増加していく静的な引張り荷重を加えると、加えた荷重と変形する量の間には**図3-65**に示すような関係（荷重変形線図と呼びます）が求まり、材料のいろいろの特性がわかるようになります。

なお、この図の荷重、変形量を個々の材料で比較できるよう、応力（単位面積当たりで示した荷重の値）と、ひずみ（単位長さ当たりで示したひずみの値）で示したものが応力ひずみ線図になります。

図のように、荷重と変形の関係は、次のような順序で変形が進みます。

①**荷重が小さい状態**：荷重の増加に対する変形量の増加はわずかで、荷重を取り除くと原子間の結合力により元の状態に戻ります（こうした変形が弾性変形です）。

②**降伏点に達する荷重を加えた状態**：荷重が降伏点あるいは耐力（降伏現象を明確に示さない材料では、0.2%の永久ひずみを生じさせる耐力と呼ばれる応力状態を降伏点に代えて使用します）と呼ばれる大きさに達すると、弾性変形に加え元に戻らない塑性変形を発生し始めます。

③**降伏点を超える荷重を加えた状態**：荷重の増加に対する変形量の増加が大きくなり、材料全体が一様に伸びていた変形は材料内部の原子配列の欠陥部分などに集中し、この部分での変形量が急速に増加し断面積が減少（くびれの発生）、最終的にこの部分から破断してしまいます。

なお、図中の降伏点（耐力）は、ものづくりにおいて、前工程段階の設計では、製品の十分な安全を確保するため、荷重が取り去られた後に変形が残らず、しかも破断するまでに十分な余力が確保されるよう発生する応力を降伏点（耐力）より十分低い値となるよう設定します。

塑性加工などの加工においては、必要な形状の変形を得るため、降伏点（耐力）を超えた荷重を材料に加えることが必要です。

このように、前工程段階の設計の場合においても、また材料を加工する時の加工荷重を設定する場合においても、引張り試験で求められる降伏点（耐力）は重要な目安となるのです。

要点 ノート

金属材料は、1つひとつ独立した原子が互いに引き合う結合力により成り立っています。したがって、金属材料に力（荷重）が加わると、構成している原子間の距離が変わり、伸びたり縮んだりの変形を生じ、結合力により加わった力だけ元に戻そうとする力（内力）も発生します。

動的荷重に対する材料の強さ

金属材料に荷重が加わった場合の変形と破壊は、前項で示した静的荷重であれば、加わる荷重の増加とともに変形が進み、断面が変形した部分から破壊します。しかし、材料に変形する時間を与えない瞬間的に最大の荷重に達する衝撃荷重や、降伏点以下の小さな荷重でも繰り返し加わる繰り返し荷重など「動的加重」と呼ばれる荷重が作用した場合では、静的荷重の場合とはまったく異なる変化で破壊します。

ここでは、品質保証の立場から、動的荷重に対する材料の強さについて示します。

❶衝撃荷重の場合

金属材料が脆くなる（脆性を示す）現象は、①鋳鉄材料のように基本的に材料が脆い場合、②アルミニウム合金やオーステナイト系ステンレス鋼、低温用鋼などの材料を除く金属材料が－50℃以下の低温になった場合（低温脆性と呼びます）、③炭素鋼が800℃程度や300℃程度に加熱された場合（前者を赤熱脆性、後者を青熱脆性と呼びます）、などで生じます。

図3-66（a）は、炭素量0.3％の鋼を常温で衝撃試験を行った結果で、「延性破壊」と呼ばれる端面部分で材料が伸び断面が変形した状態で破壊しているのがわかります。これに対し、（b）の同じ試験を－100℃程度で行った場合では、（a）の場合に比べ、少ない破壊エネルギーで伸び変形のまったくない脆性破断となっています。

図 3-66　衝撃破壊による破断面の違い

（a）延性破断状態

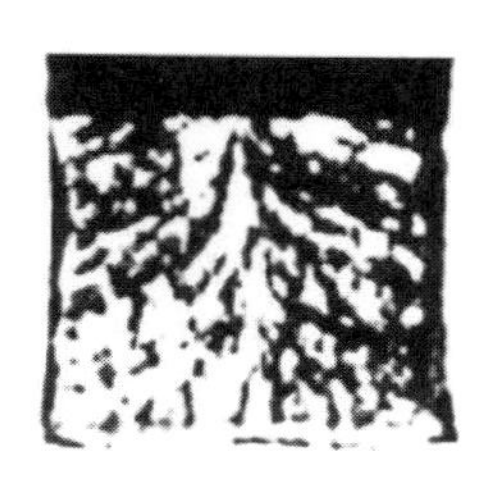

（b）脆性破断状態

❷繰り返し荷重の場合

針金を小さく曲げ、戻す操作を繰り返すと最終的に針金は破断してしまいます。このように、金属材料に小さな荷重が何度となく繰り返し作用すると、①小さな割れを発生、②いったん止まった割れも、さらなる繰り返しの荷重が累積すると、少し大きい割れに進展、③こうした現象の繰り返しで最終的に破断する、といった疲労破壊と呼ばれる現象で破壊します。

図3-67は、疲労破壊の現象を、加える荷重（応力Sで表示）と繰返しの回数（N）の関係で示したSN曲線です。針金の曲げ戻しにおいて、曲げる角度が大きい場合は繰返しの回数が少ない状態で、曲げる角度が小さい場合は、繰返し回数の多い状態で破壊します。したがって、それぞれの材料の疲労強度は、図3-67の10^8の位置のような繰返し回数での破壊強さか、SN曲線の横軸に平行となる疲労限度を目安とします。

図3-68は、疲労破壊によって破断した破断面で、写真の破断面中央下端が割れの起点、この点を含む全体の2/3程度の部分では割れが徐々に進展していったことを示すビーチマーク（貝がら状破面）を持つ、きわめて滑らかな疲労破面、残り1/3が小さな繰り返しの荷重でも一挙に破断できる大きさとなったことで、引き裂かれた脆性破面で構成されています。

図3-67 SN曲線

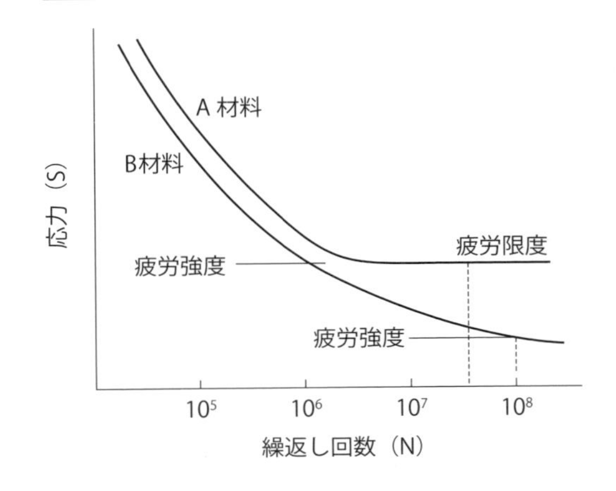

図3-68 疲労破壊による破断面

要点 ノート

延性破壊、脆性破壊、疲労破壊した破壊面は、それぞれで特徴的な面状態を示し、破壊の原因究明に有効な情報として利用されます。

溶接材の組織の不連続性

ここでは、いろいろの溶接材の組織状態の不連続やそれにともなう機械的性質の不連続状態について示します。

❶溶接材の組織の不連続状態

溶接は、金属を短時間で溶融する温度まで加熱し、急速に冷やして凝固させる方法です。したがって、一般的な材料では、溶融金属部に近いボンド部は溶融温度近くまで加熱されることで結晶粒が粗大化して大きくなります。さらに、それに続く材料は、加熱温度と冷却速度に応じ順次結晶粒が小さくなり素材組織に移っていきます。ただ、炭素当量の大きい鋼や合金鋼では、この結晶の粗大化部分が焼き入れ処理に近い急加熱、急冷状態となり、脆い焼き入れ組織を発生させ溶接部の性能低下を生じさせるのです。**図3-69**が、こうした変化を炭素鋼の場合を例に示したものです。

図 3-69 炭素鋼の溶接による組織の変化状態

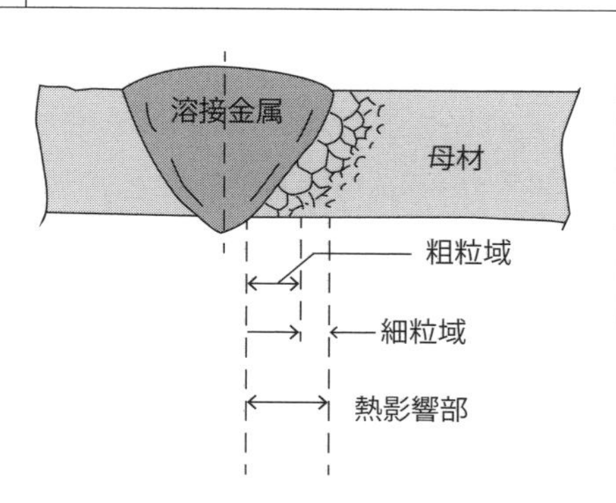

炭素鋼の溶接自体は、①熱伝導、②溶けた状態での金属の流動性、③冶具金反応の特性が溶接に適しており、やりやすい。

炭素量の少ない軟鋼材では結晶粒が大きくなる変化ですむが、炭素量の多い材料では焼入れ作用で硬くて脆い組織となるため対応策が必要となる。

❷溶接材の機械的性質の不連続状態

炭素鋼材料を含め多くの材料では、溶接金属部は母材部より硬く、熱影響部ではいろいろの組織状態、機械的性質に変化します。こうした変化が顕著に表れるのが高張力鋼材で、その溶接材のそれぞれの部分を局部的に取り出した機械的性質を概念的に示したものが**図3-70**です。すなわち、焼き入れ効果で硬くなる部分は強いものの伸びが少なく、徐々に焼き入れ効果が薄れ、焼き入れの変化に至らず結晶が粗大化した状態で止まった位置では軟らかくて強度は低下するものの伸びは回復するといった変化を示します。なお、焼き入れによる硬化特性のない材料や素材が硬化処理された材料では、結晶の粗大化した部分で強度の低下が発生します（溶接材全体としての強さは、それぞれの性質の違いや占める割合で複雑に変わります）。

図 3-70　高張力鋼溶接材の機械的性質

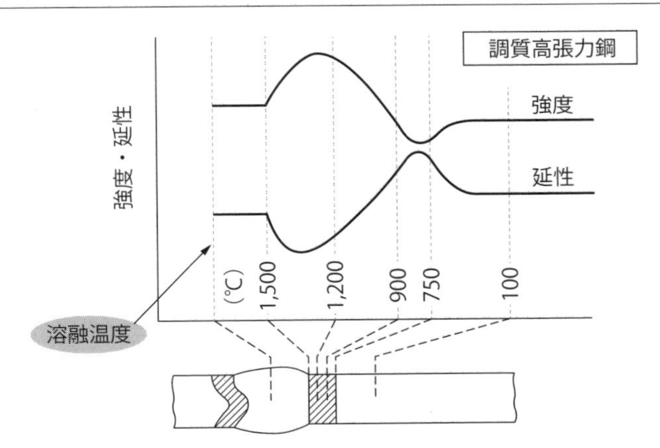

要点 ノート

溶接材は溶接熱により、溶接金属部は短時間の溶融と凝固で組織的な変化を、熱影響部では加熱温度とその保持時間やその後の冷却速度により、いろいろな組織状態に連続的に変化します（これにより、溶接材は機械的性質の不連続材料となります）。

溶接部が硬化する溶接材の強度特性

品質保証において、溶接材の強さを検証する場合、溶接部が硬化している溶接材では軟らかい素材部で、溶接部が軟化している溶接材ではこの軟化部で変形が進み、破壊するすると考えられます。ただ、こうした硬化部や軟化部の変化程度や幅、変形中の材料の変質、荷重の種類によって特異な破壊となります。

ここでは、溶接部が硬化する溶接材の破壊に到る強さについて示します。

❶溶接部が硬化する溶接材の硬さ分布

図3-71（a）は、各種フェライト系ステンレス鋼TIG溶接材の機械的性質の不連続性を硬さ分布で調べた結果です。図のように、この材料の溶接部は全体として素材部に比べ硬くなっています（ただ、硬化の程度は材料の炭素量によって変化し、炭素量が少なくなるにしたがって硬化の程度が小さくなる傾向を示します）。

図3-71 各種フェライト系ステンレス鋼溶接材の硬さ分布、引張り試験結果

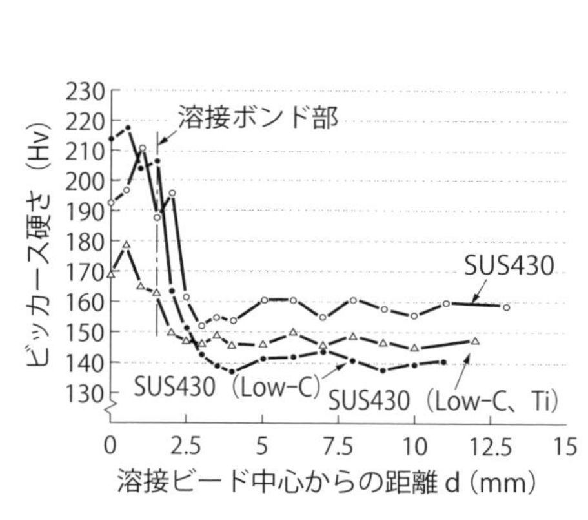

（a）硬さ分布

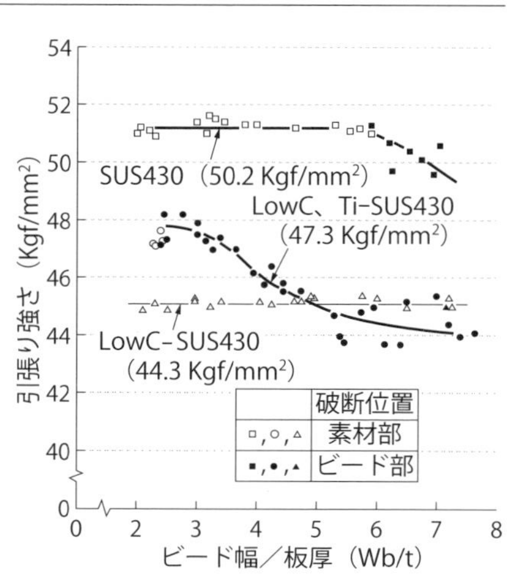

（b）引張り試験結果

❷溶接部が硬化する溶接材の機械的性質

図3-71（b）は、(a）に示した硬さ分布となるフェライト系ステンレス鋼溶接材の引張り試験を行った結果です。図のように、ビード（溶接金属）部が素材に比べ硬いSUS430や低炭素430（lowC-430）溶接材では、素材部が降伏状態に達してくびれを発生するまで変形したとしてもビード部の硬さまでに達せず、広いビード幅の溶接材（Wb/tが5.5程度以上）を除き素材部からの破断となります。

これに対し、溶接によるビード部の硬化の少ない極低炭素の改良材(lowC,Ti-430）では、素材部のわずかな加工硬化でビード部が軟化部となり、この部分の存在が無視できるWb/t2.5以下の場合を除き、ビード部破断となります。

なお、この改良材の場合と類似の破壊様式は、溶接性が良く溶接部の硬化がSUS430のように大きいSUS304溶接材の場合にも見られます。これらの材料では、破断が素材部でなくビード部からの破断であっても、その強さ、伸びは素材に近いものが確保されており、溶接材の強度特性に問題のないことがわかります（こうしたことを示したものが、**図3-72**に示す各種ステンレス鋼の張出し試験結果です)。

図 3-72　各種ステンレス鋼溶接材の張出し試験結果

	素　材	溶　接　材	
		電子ビーム溶接材	TIG 溶接材
SUS 304		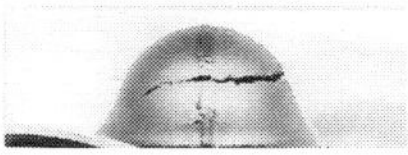	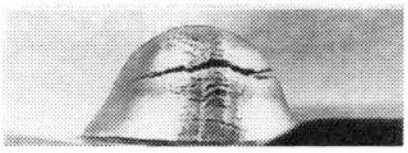
SUS 430			
LowC、Ti-SUS 430			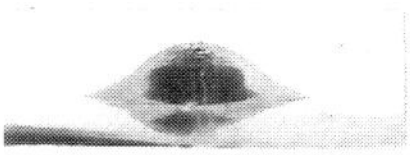

要点 ノート

引張り試験において、破断が溶接部から離れた素材部で発生したとしても、溶接金属部の特性によっては安心できるものではありません。

溶接部が軟化する溶接材の強度特性

品質保証において、溶接材の強さを検証する場合、溶接部が硬化している溶接材では軟らかい素材部で、溶接部が軟化している溶接材ではこの軟化部で変形が進み、破壊するすると考えられます。ただ、こうした硬化部や軟化部の変化程度や幅、変形中の材料の変質、荷重の種類によって特異な破壊となります。

ここでは、溶接部が軟化する溶接材の破壊に到る強さについて示します。

❶溶接部が軟化する溶接材の硬さ分布

図3-73（a）は、成分や加工によって材料を強くするアルミニウム加工硬化材の溶接材において、溶接部の軟化する現象を示したものです。A1100純アルミニウムH24加工硬化材では、溶接金属部硬さが素材程度で、その間の熱影響部で焼きなまし材レベルの硬さになった軟化域が形成されています。また、マグネシウムの添加と加工で硬化されたA5052H24材では、わずかに硬い溶接金

図3-73　各種アルミニウム溶接材の硬さ分布、引張り試験結果

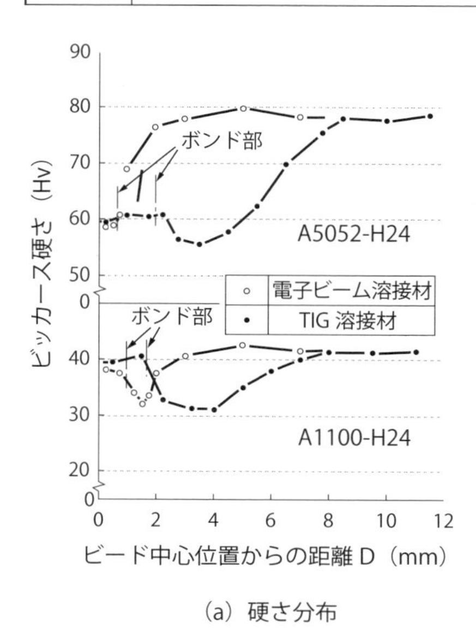

（a）硬さ分布

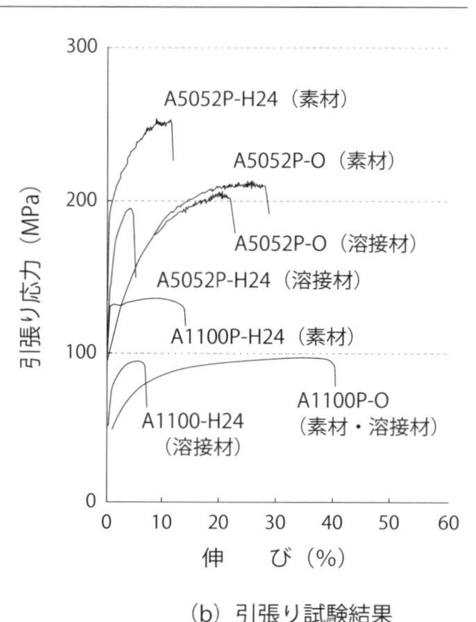

（b）引張り試験結果

属部を含めた広い領域が明らかな軟化域の状態になっているのがわかります。なお、電子ビーム（EB）溶接材で形成される軟化域は、いずれの場合もTIG溶接材に比べて狭く、きわめて局部的となることがわかります。

❷溶接部が軟化する溶接材の機械的性質

図3-73（b）は、（a）に示した硬さ分布となる各種アルミニウム材の素材および溶接材の引張り試験を行った結果です。ビード部がやや硬いA1100では素材部破断、軟化域を発生するものの、軟化程度がきわめて小さいA5052焼きなまし材（O材）では、素材もしくはビード部破断と破断位置は異なるものの、ほぼ素材に近い強さ、伸び性能を示しています。これに対し、軟化程度が大きくなるH24加工硬化材の場合、A1100材では局部的な軟化部からの破断、A5052材では、ビード部を含めた軟化域中心のビード部から破断し、強さ伸びとも素材に比べ大幅に低下しています。

図3-74は、A5052H24材の素材および溶接材の張出し試験結果です。この材料では、素材自体がすでに比較的大きい加工硬化を受けていることでその変形特性がやや悪く、張り出し成形性も幾分低くなります。一方、溶接材では、発生する軟化部の状態で成形性が微妙に変化し、通常の成形加工などで優れた性能を示すビード幅の狭い電子ビーム（EB）溶接材で成形性が素材の60%程度まで低下しています。

これに対しTIG溶接材では、ビード部を含めた軟化部全体で変形することで、変形の集中は発生せず素材と同等以上の成形性が確保されるようになります。このように、溶接材の強度品質を検討する場合、「その破断位置は素材部から」を指標にするのではなく、破壊時の強さや伸びを素材のものと比較することで判定することが必要となります。

図3-74 | A5052H24素材、溶接材の張出し試験結果

（a）素材　（b）電子ビーム溶接材　（c）TIG溶接材

要点 ノート

溶接した材料で、材料の一部が局部的に軟かくなる材料では、軟化の程度や幅によって溶接材の機械的特性が変化します。

品質保証のための非破壊検査方法

非破壊試験では、材料や溶接部に発生している欠陥が検出されます。そこで、発生している欠陥が製品の強さにどのように影響するかを製品素材との比較で破壊試験結果から求め、品質管理における欠陥の許容範囲が設定できるようになります。

ここでは、各種非破壊検査方法の概要を示します。

❶外観試験

外観試験は、作業者が材料表面や製品表面に発生しているキズや欠陥を、目視（キズの大きさやキズの種類によっては拡大鏡や**図3-75**に示す内視鏡などを使用して行います）で見つけるきわめて手軽で簡便な試験方法です。とはいえ、熟練した作業者による試験では、短時間で正確なチェックが行われ、ものづくり製品の品質管理においては不可欠な試験方法となります。

❷浸透探傷試験

浸透探傷試験は、材料表面に開口している目視では発見できないような微小な割れやキズを検出する方法です。この試験方法では、開口している欠陥内に浸透液をしみ込ませ、その後に表面の浸透液を除去し、**図3-76**のようにしみ込んだ浸透液の残存状態で欠陥の存在を確認します。

図3-75　内視鏡による表面欠陥検出

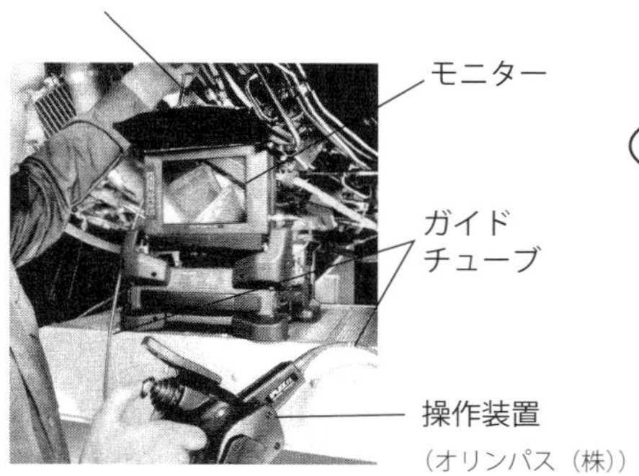

スコープ先端部
モニター
ガイドチューブ
操作装置
（オリンパス（株））

図3-76　浸透探傷試験結果

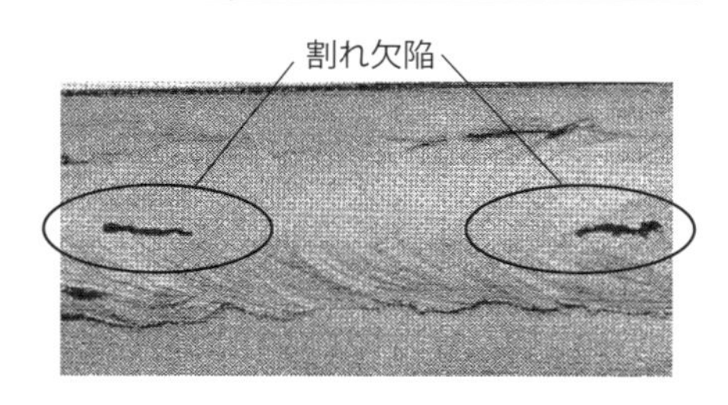

❸磁粉探傷試験

磁粉探傷試験は、磁性を示す鉄鋼材料などを磁化すると、表面にキズがあればキズの間に極ができ、この極と極の間に集中する磁束も形成されます。そこに微量の磁性を持つ酸化鉄などの微粉末を投入すると、集中した磁束部に微粉末が集まりキズの存在が検出できます。

❹放射線透過試験

放射線透過試験法は、物体を透過する性質の大きい放射線を試験体に照射、透過した放射線を反対側に配置したフィルムで検出して可視化し、その画像から内部の欠陥などを検出する方法です。**図3-77**が、撮影されたフィルムとそのフィルムの判定状況です。

❺超音波探傷試験

きわめて指向性が強く、しかも障害物に突き当たると山びこと同じように反射して戻って来る超音波を利用し、材料内部に存在する傷などから反射されて来るエコーを受信し、キズの存在やキズの位置を検出するのが超音波探傷試験です。

なお、最近の超音波探傷試験機や放射線透過試験機では、キズや製品形状を立体的に検出できるものが開発されています。

図3-77 放射線透過試験とその判定

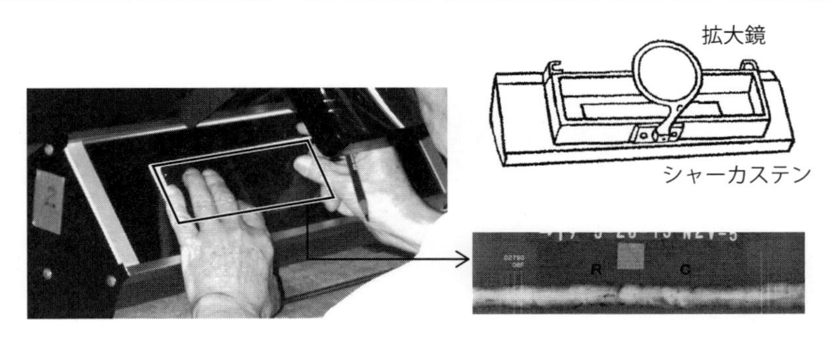

要点 ノート

溶接作業においては、溶接部に特有の欠陥（溶接欠陥）を発生し、製品品質を低下させます。ただ、溶接を利用するものづくりにおいての良い溶接は、外観的に満点で無欠陥であることでなく、製品に求められる品質を満足させる状態に仕上げられていることです。

表面欠陥とその対策

ここでは、表面欠陥について、その検出方法や強度への影響、発生原因と対策について示します。

❶溶接ビード余盛りの過大、不足（図3-79参照）

主な検出方法：外観試験。

強度への影響：余盛りの不足、過大はビード止端部での荷重（応力）の集中による疲労強度の低下（なお、極端な余盛りの不足は強さの低下にも影響、**図3-78**参照）。

発生原因：余盛りの過大は、形成されている溶融池の大きさに対し熱源の移動速度が遅過ぎる、逆に不足は熱源の移動速度が速過ぎるなど。

対策：溶融池の大きさに応じた適正速度の溶接で対応。

❷アンダーカット（図3-80、3-81参照）

主な検出方法：外観試験、アンダーカット限界ゲージなど。

強度への影響：アンダーカット底部分への荷重（応力）の集中による疲労強度低下。

発生原因：突合せ溶接の場合は、熱源の移動速度の速すぎやビード幅方向への熱源移動幅の不足など。すみ肉溶接の場合は、熱源の広がり過ぎや移動速度の速すぎなど。

図3-78 突合せ溶接での余盛り不足

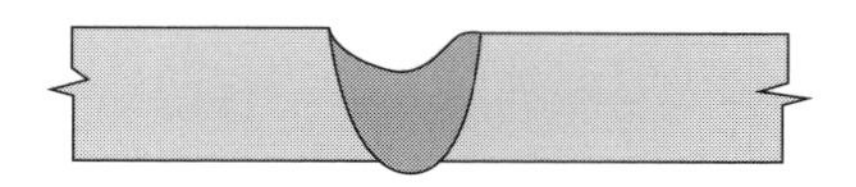

図3-79 すみ肉溶接での余盛り過大

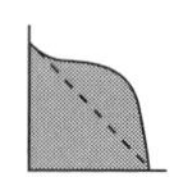

図3-80 突合せ溶接でのアンダーカット

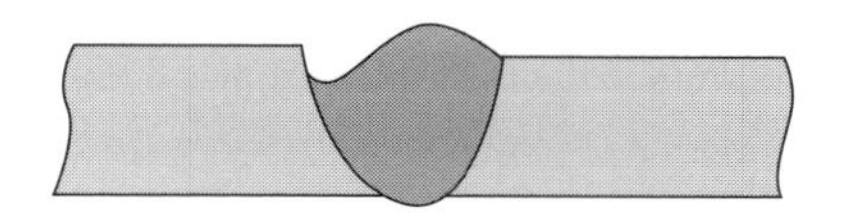

図3-81 すみ肉溶接でのアンダーカット

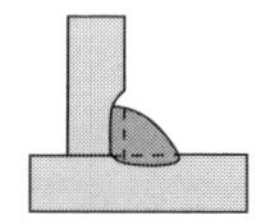

対策：適切な熱源操作で対応。

❸オーバーラップ（図3-82参照）

主な検出方法：外観試験。

強度への影響：オーバーラップ止続部での荷重（応力）の集中による疲労強度低下など「発生原因」：溶融池の大きさに対し熱源の移動速度が遅い、熱源の偏りや操作の不良など。

対策：適切な熱源操作で対応。

❹ピット（図3-83参照）

主な検出方法：外観試験。

強度への影響：発生個数が極端に多い場合は荷重に対応する断面の面積不足による強度低下など。

発生原因：シールドガス不足や風などによるシールド不足、溶接部へのガスの混入など。

対策：適切なシールド状態の確保、溶接部の清浄処理などで対応。

図3-82 突合せ溶接部でのオーバーラップ

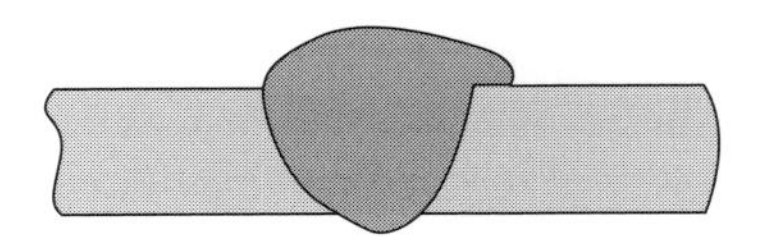

図3-83 突合せ溶接でのピット

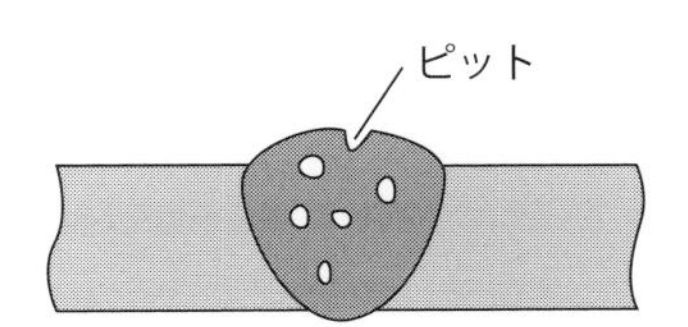

要点 ノート

溶接によって発生する溶接欠陥には、製品の表面部に発生する表面欠陥と溶接部の内部に発生する内部欠陥があります。そのため、溶接欠陥がその部位に発生しているかを慎重に見きわめる必要があります。

内部欠陥とその対策

溶接によって発生する欠陥には、製品の表面部に発生する表面欠陥と溶接部の内部に発生する内部欠陥があります。ここでは、内部欠陥について、その検出方法や強度への影響、発生原因と対策について示します。

❶溶け込み不足（図3-84参照）

主な検出方法：図3-84（a）のようなルート表面に発生しているものは外観試験、（b）や（c）のように溶接金属内に発生しているものは超音波探傷試験や放射線透過試験など。

強度への影響：各止端部での荷重の集中による疲労強度の低下（深くて長い場合の肉厚不足による強度低下）など。

発生原因：開先形状に対する入熱不足や熱源位置、熱源操作の不良など。

対策：適正条件の設定や熱源位置を近づけるなどの工夫で対応。

❷融合不良（図3-85参照）

主な検出方法：超音波探傷試験、放射線透過試験など。

強度への影響：接合面積不足による強度低下など。

発生原因：入熱不足や熱源操作不良など。

対策：溶接条件の修正と適切な熱源操作で対応。

図 3-84　突合せ溶接、すみ肉溶接での溶け込み不足

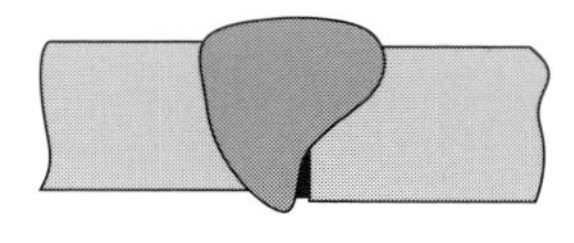

（a）突合せルート表面

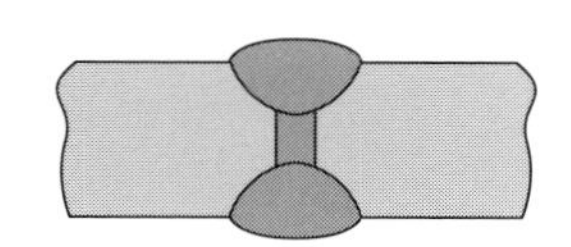

（b）突合せ溶接金属内

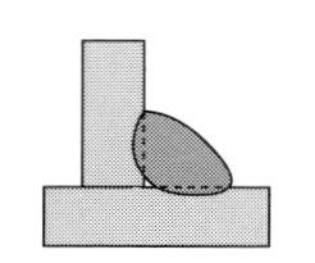

（c）すみ肉ルート部

図 3-85　突合せ溶接での融合不良

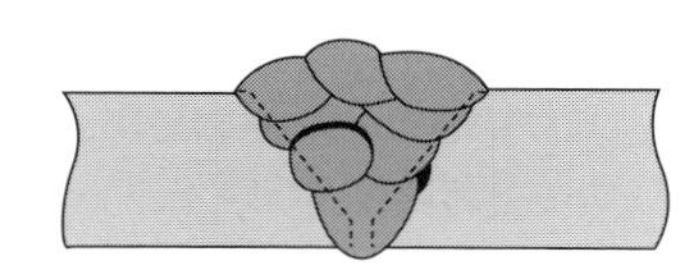

❸スラグ巻き込み（図3-86参照）

主な検出方法：放射線透過試験。

強度への影響：接合面積不足による強度不足など。

発生原因：溶接箇所への鋭い形状の溝や段差の発生と不適切な熱源操作など。

対策：溝や段差の除去と適切な熱源操作で対応。

❹ブローホール（図3-87参照）

主な検出方法：放射線透過試験。

強度への影響：発生個数が極端に多い場合は荷重に対応する断面の面積不足による強度低下など。

発生原因：シールドガス不足や風などによるシールド不足、溶接部へのガスの混入など。

対策：適切なシールド状態の確保、溶接部の清浄処理などで対応。

図 3-86　突合せ溶接でのスラグ巻き込み

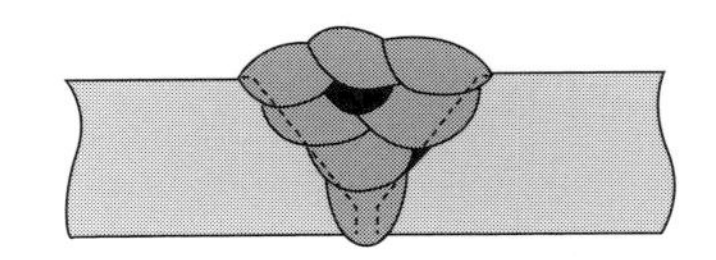

図 3-87　突合せ溶接でのブローホール（図の内部に残存したガス孔）

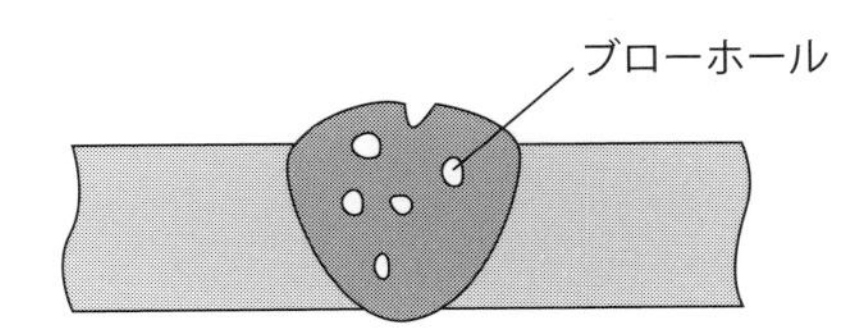

要点 ノート

放射線透過試験や超音波探傷試験で検出される溶接部内に発生した欠陥は、大きさによっては静的強度、形状によっては動的強度に影響します（したがって、その種類や大きさ、形状を正確に知ることが必要です）。

溶接割れの発生とその対策

溶接割れは、溶接金属の凝固温度に近い高温で発生する高温割れと、約300℃以下から常温にかけて発生する低温割れに大別されます。ここでは、それぞれの割れについて、その検出方法や強度への影響、発生原因とその対策について示します。

❶高温割れ

主な検出方法：表面開口の割れには浸透や磁気探傷試験、内部割れには超音波探傷試験。

強度への影響：疲労強度の低下（深くて長い場合は強度低下）など。

発生原因：溶接中に発生する低融点化合物が凝固しきれない状態の時や粒界に脆い化合物が形成された時に、周辺の凝固に伴う引張力がこの部分に作用して割れとして残るもので、**図3-88**のようなビードの中心部に発生する縦割れや粒界に沿った横割れ、クレータ割れ、熱影響部の粒界でビードに沿って割れる熱影響部割れとして発生。

対策：低融点化合物を生成する割れには、割れ部を埋める適正溶加材の使用、熱影響部割れには、入熱を抑える溶接条件の設定で対応。

図 3-88　突合せ溶接での各種高温割れ

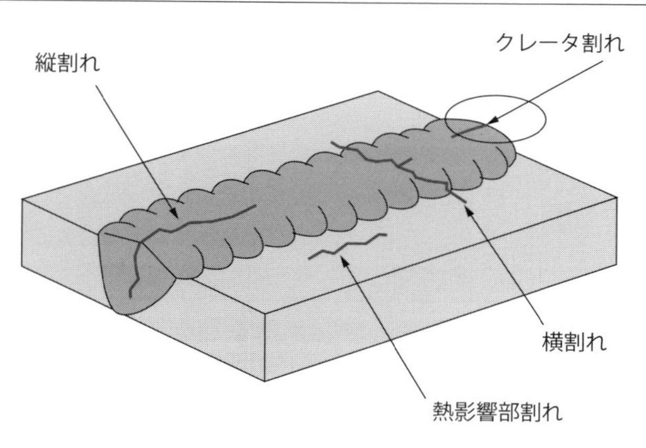

❷低温割れ（「主な検出方法」：表面開口の割れには浸透や磁気探傷試験、内部割れには超音波探傷試験）

強度への影響：疲労強度の低下（深くて長い場合は強度低下）など。

発生原因：多くの場合、焼入れによる脆い組織を発生する炭素鋼や合金鋼の溶接で発生、溶接により発生したボンド部近くの脆い組織部に周辺母材や拘束治具による拘束力が作用して割れ、**図3-89**のようなルート割れや止端割れ、ビード下割れ、などとして発生（なお、同じような状況で、脆い組織部に水素が集まり、そのガス圧で長い時間をかけて割れや破壊にいたる遅れ割れなどもある）。

対策：焼入れによる脆い組織の発生を抑えるための予熱、拘束力の低減、水素量の低減（溶接棒やフラックスの乾燥など）および残留水素の放出や応力除去のための後熱処理で対応。

図3-89 すみ肉溶接での各種低温割れ

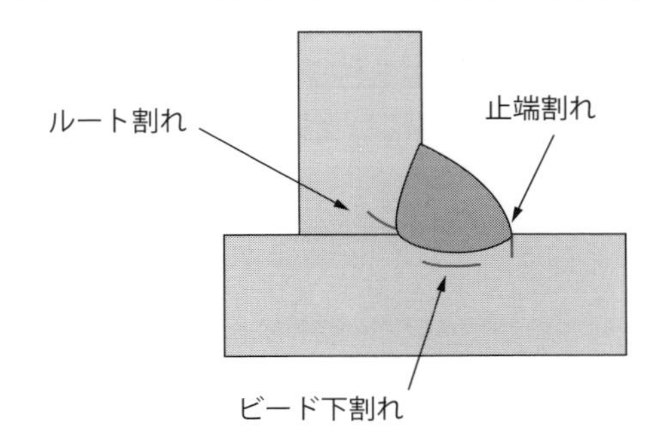

要点 ノート

溶接割れは、欠陥の端部が狭くて鋭い形状であることから荷重（応力）が集中、製品の重大な破壊につながりやすく、欠陥の中でももっとも危険なものとされています。

溶接欠陥の補修処理

通常の補修溶接では、補修溶接の熱で欠陥の拡大や製品素材への悪影響を発生しやすく、多くの制約条件を受け溶接自体がむずかしくなります。こうしたことから、①発生している欠陥の大きさや発生している位置の情報を正確に把握する、②使用した溶接法や素材、さらに①の情報などから欠陥の種類の見当をつける、③欠陥の拡大や素材への悪影響を発生させない溶接法や、溶接条件を確立する、など間違いの無い補修計画を立て、より確実でていねいな溶接を行う必要があります。

❶素材の特性を考慮した補修

鉄鋼材料の補修溶接では、母材の炭素当量により予熱や後熱、欠陥の始終端部への割れ止め孔加工なども検討します。また、溶接熱による軟化で製品強度が低下する恐れのあるアルミニウム合金材などでは、軟化発生対策に加え再加熱による割れ発生防止策などを含む補修溶接法を検討します。さらに、補修溶接の前には、溶接面に欠陥の残存や汚れのないことを確認し、溶接後は補修溶接部に欠陥発生のないことを確認します。さらに、すべてが完了した時点で、再発防止策を確立させるとともに、補修溶接結果を記録として残すことも重要な作業となります。

❷表面の応力集中部の補修

溶接部の表、裏面ビードの余盛り高さが幅の25%を超えてくると、ビード止端部での形状的な応力集中度が高まり、製品の疲労破壊の危険度を高めます(25%を超えている場合は、超えた部分の余盛りをディスクグラインダーなどで除去します)。合わせて、応力集中部となるビード止端の立ち上がり角を滑らかな形状に成形する（成形加工による鋭い研磨傷の発生に注意)、または**図3-90**のような溶接棒を使用しないTIG溶接で滑らかな形状に成形します（こうした溶接は、テンパービードと呼ばれ、止端部素材の組織の改善効果なども得られ効果的です)。また、アンダーカットなどビード止端部での鋭いえぐれ欠陥には、局部的な肉盛り溶接を行います（この場合、必要な量の肉盛りが確実に行えるよう、溶接棒を使用するTIG溶接が有効となります)。

❸割れ、溶け込み不足、融合不良などの欠陥補修

これらの欠陥は、その欠陥の種別や大きさ、発生位置により荷重に対する製品の強度品質への影響度合いが左右されます。したがって、欠陥の発生位置、形状を正確に把握し、欠陥は**図3-91**のようにR曲面の溝に加工して確実に除去します（浸透探傷試験などで欠陥の残存のないことを確認します）。また、始端位置では確実な溶け込みが得られ、終端位置では余分な溶け込みを与えない肉盛り溶接で補修溶接を行います。

図 3-90 テンパービード溶接によるビード形状補修法

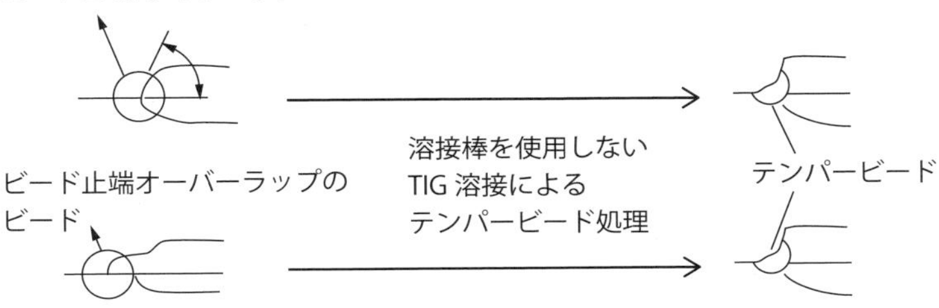

図 3-91 表面部の割れ、溶け込み不足欠陥の補修溶接

欠陥部の除去加工では、完全除去とともに、その後、接合面での確実な融合を目的に、滑らかな曲面の溝に加工する。

補修溶接では、接合界面での融合状態（なじみ状態）が良く、除去した欠陥の再発や拡大、新たな欠陥発生のない溶接を心がける。

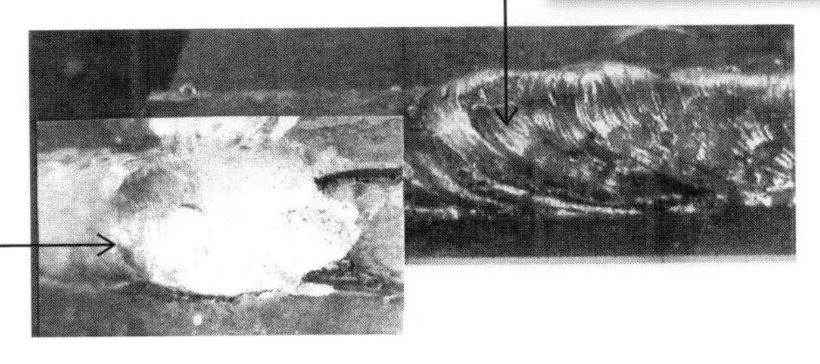

要点 ノート

溶接組立品の品質検査において製品が不合格品となった場合、多くは溶接などの方法で補修処理が行われます。間違いのない補修計画を立てより確実でていねいな溶接を行う必要があります。

参考文献

1）「安田克彦の溶接道場『現場溶接』品質向上の極意」安田克彦著、日刊工業新聞社、2013年

2）「絵とき『溶接』基礎のきそ」安田克彦著、日刊工業新聞社、2006年

3）「目で見てわかる溶接作業—Visual Books」安田克彦著、日刊工業新聞社、2008年

4）「目で見てわかる溶接作業（スキルアップ編）—Visual Books」安田克彦著、日刊工業新聞社2008年

5）「目で見てわかる良い溶接・悪い溶接の見分け方—Visual Books」安田克彦著、日刊工業新聞社、2016年

5）「トコトンやさしい溶接の本」安田克彦著、日刊工業新聞社、2009年

6）「トコトンやさしい板金の本」安田克彦著、日刊工業新聞社、2011年

【索引】

さ

ま

や

ら

わ

著者略歴

安田克彦（やすだ かつひこ）

高付加価値溶接研究所長、職業能力開発総合大学校名誉教授

1944 年　神戸市生まれ
1968 年　職業訓練大学校溶接科卒業後同校助手
1988 年　東京工業大学より工学博士
1990 年　技術士 (金属) 資格取得
1991 年　職業能力開発総合大学校教授
2002 年　IIW・IWE 資格取得
2005 年　溶接学会フェロー
2010 年　高付加価値溶接研究所長、職業能力開発総合大学校名誉教授

主な著書

- 「板金加工における溶接」マシニスト社、1984 年
- 「薄板溶接」マシニスト社、1986 年
- 「絵とき『溶接』基礎のきそ」日刊工業新聞社、2006 年
- 「目で見てわかる溶接作業―Visual Books」日刊工業新聞社、2008 年
- 「目で見てわかる溶接作業（スキルアップ編）-Visual Books」日刊工業新聞社、2008 年
- 「トコトンやさしい溶接の本」日刊工業新聞社、2009 年
- 「トコトンやさしい板金の本」日刊工業新聞社、2011 年
- 「安田克彦の溶接道場『現場溶接』品質向上の極意」日刊工業新聞社、2013 年
- 「目で見てわかる良い溶接・悪い溶接の見わけ方―Visual Books」日刊工業新聞社、2016 年

NDC 566.6

わかる！使える！溶接入門
〈基礎知識〉〈段取り〉〈実作業〉

2017年12月25日　初版1刷発行　　定価はカバーに表示してあります。

©著者　安田 克彦
発行者　井水 治博
発行所　日刊工業新聞社　〒103-8548 東京都中央区日本橋小網町14番1号
書籍編集部　電話 03-5644-7490
販売・管理部　電話 03-5644-7410　FAX 03-5644-7400
URL　http://pub.nikkan.co.jp/
e-mail　info@media.nikkan.co.jp
振替口座　00190-2-186076

企画・編集　エム編集事務所
印刷・製本　新日本印刷㈱

2017 Printed in Japan　落丁・乱丁本はお取り替えいたします。
ISBN　978-4-526-07775-3　C3057